白蚁防治丛书

白蚁防控工程实用技术

第二版

田伟金 杨悦屏 庄天勇 等 编著

中山大学出版社
SUN YAT-SEN UNIVERSITY PRESS

·广州·

图书在版编目（CIP）数据

白蚁防控工程实用技术/田伟金，杨悦屏，庄天勇等编著．—2 版．—广州：中山大学出版社，2016.8

（白蚁防治丛书）

ISBN 978 - 7 - 306 - 05792 - 1

Ⅰ.①白…　Ⅱ.①田…②杨…③庄…　Ⅲ.①白蚁防治　Ⅳ.①S763.33

中国版本图书馆 CIP 数据核字（2016）第 194825 号

出版人：徐　劲
策划编辑：蔡浩然
责任编辑：蔡浩然
封面设计：林绵华
责任校对：杨文泉
责任技编：何雅涛
出版发行：中山大学出版社
电　话：编辑部 020 - 84111996，84111997，84113349，84110779
　　　　 发行部 020 - 84111998，84111981，84111160
地　址：广州市新港西路 135 号
邮　编：510275　传　真：020 - 84036565
网　址：http://www.zsup.com.cn　E-mail：zdcbs@ mail. sysu. edu. cn
印　刷者：广东省农垦总局印刷厂
规　格：787mm×1092mm　1/16　6 印张　133 千字
版次印次：2011 年 11 月第 1 版　2016 年 8 月第 2 版　2016 年 8 月第 2 次印刷
定　价：39.00 元

内 容 简 介

　　本书总结了广东省昆虫研究所蚁害安全监控研究中心多年来防治白蚁的实践经验，主要介绍了白蚁的生物学特性与形态特征、白蚁的危害与传播途径、常用的蚁害检查方法、白蚁灭治与预防技术，具有较强的实用性和可操作性。

　　本书可作为培训白蚁防治员和病媒生物防治员的实用教材，也适合从事白蚁防治的专业人员使用，对广大群众了解白蚁防治知识也有重要参考价值。

前　言

白蚁是地球上最古老的昆虫之一，已存在了 2.5 亿年；白蚁也是世界性的主要害虫，被国际昆虫生理生态研究中心列为五大害虫之一。

白蚁种类多，分布广，在全球五大洲均有分布，蚁害对世界各国造成巨大的经济损失。据资料统计，每年由于白蚁危害造成的直接经济损失是：美国超过 50 亿美元，欧洲 2 亿多欧元，澳大利亚 1 亿多澳元，日本白蚁破坏木结构造成的损失相当于火灾造成的损失，我国仅建筑物因白蚁危害造成的经济损失超过 10 多亿元人民币。

我国长江流域 40%～50% 建筑物受白蚁为害，华南地区建筑物白蚁危害率为60%～80%，其中，广东省个别城市甚至高达 90%。白蚁危害对我国水利设施造成的直接和间接经济损失更是难以估计，我国长江以南堤坝的白蚁危害率高达 53%～92%。此外，白蚁还危害农林作物、地下电线电缆和通讯设施等。

白蚁的生活史复杂，繁殖力惊人。白蚁是一种社会性昆虫，其种群社会分工精细，组织严密。白蚁危害具有隐蔽性、广泛性和严重性三大特点：①隐蔽性。白蚁的生活、筑巢以及为害均相当隐蔽，一般不容易被发现，而一旦被发现时危害已相当严重。②广泛性。白蚁危害广泛，涉及国民经济各部门以及人们衣食住行各方面，木质、土质、金属、塑料等材料均能为害。③严重性。白蚁的危害率高，破坏性大，造成的损失惊人。

我国的白蚁防治经历了由最初的没有系统地开展研究工作（仅采用民间防治方法），发展到现今有系统地开展基础理论和应用研究以及实施专业的预防和灭治措施。但是，由于白蚁的危害性大、生活隐蔽、分布面广，因此，尽管我国在白蚁研究和防治技术方面已取得了重大的进展，白蚁防控工作仍然是一项长期而艰苦的任务。

白蚁危害面之广以及造成损失之巨大早已引起了我国的重视，国家和地方相继颁布了有关的法规文件以及制定了相关的规定和标准规程。国家建设部分别于 1993 年和 1999 年先后出台了两份关于新建建筑物白蚁预防的法规文件——《关于认真做好新建房屋白蚁预防工作的通知》（建设部 166 号文件）和《城市房屋白蚁防治管理规定》（建设部第 72 号令），并于 2004 年发布了《关于修改〈城市房屋白蚁防治管理规定〉》（建设部第 130 号令）。广东省于 2000 年发布了地方行业标准《新建房屋白蚁预防技术规程》，广州市也将白蚁预防和灭治管理纳入《广州市房屋安全管理条例》中。这些法规文件以及相关标准规程的制定，对推动我国白蚁防控工程迈向专业化和规范化起到重要作用。

我国于 2001 年签署了《关于持久性有机污染物（POPs）的斯德哥尔摩公约》（简称《POPs 公约》），《POPs 公约》已于 2004 年 11 月 11 日在我国正式生效，一些对生态环境和人类健康有极大影响的白蚁防治特效用药如氯丹和灭蚁灵等已被禁止使用，另外一些 POPs 也将逐渐削减使用并最终被淘汰。我国的白蚁研究和防控工作面临着一个巨大的考验和挑战。

为了使白蚁防治用药符合《POPs 公约》的规定，同时也为了更好地规范白蚁防治行业，国家和地方纷纷制定了相关的技术规程或对已有的行业标准作相应的修改。全国白蚁防治中心在广泛调查研究和认真总结实践经验的基础上，参考了目前国内外在白蚁防治技术方面的最新科研成果以及白蚁防治技术标准，编制了白蚁防治技术的最新国家标准《房屋白蚁预防技术规程》，该规程由国家住房和城乡建设部正式发布。广东省也对 2000 年发布的《新建房屋白蚁预防技术规程》作了部分修改，删除了其中在《POPs 公约》中禁止使用的白蚁防治药物，新修改的规程将于近期正式发布。

随着化学农药使用越来越广泛，人们对化学农药的认识以及对使用化学农药所带来的种种环境和安全问题日渐深刻，环保意识日益增强，对白蚁防治的要求越来越高：在控制白蚁危害的同时也应能满足人们对保持高质素绿色生态和谐生活环境的要求，而且要减少白蚁防治用药对生态环境和人畜安全的影响。但是，单一采用化学手段难以满足社会发展和人们对环保的需求。因此，白蚁防治应该运用害虫综合治理策略的思想，综合采用化学的、物理的、生物的等多种防控技术措施，最大限度地减少化学药物的使用，从而实现人与自然的和谐共处。

白蚁综合治理策略的有效实施，需要国家和相关政府职能部门的重视以及配套政策法规的制约，同时，也需要重视对白蚁防治操作人员的专业技术培训以及白蚁知识的普及。本书就是为培训白蚁防治员和病媒生物防治员的一本实用教材。

本书内容来自广东省昆虫研究所蚁害安全监控研究中心（前身为堤坝白蚁研究课题组）对白蚁研究和防治技术的多年实践经验总结，书中介绍了当前白蚁防治行业中常用的白蚁预防和灭治技术，并以目前国家颁布的法令法规以及国家和广东省发布的最新技术规程作为依据，使白蚁防控技术更为科学化和规范化。

参加本书编写的作者有（按姓氏笔画排序）：王春晓、田伟金、庄天勇、朱殷、张丽雁、李栋、杨悦屏、陈宇鹏、卓国豪、罗裕良、柯云玲、梁梅芳、黄柏顺、曾环标，全书由田伟金、杨悦屏、庄天勇审阅和定稿。

广东省白蚁学会、广州市白蚁防治行业协会对本书内容提出了宝贵的意见，在此表示感谢！

本书得到广州市农业局"农作物及农村环境白蚁防控技术推广应用"项目以及广东省科技计划"埋地电缆白蚁危害防控新技术研究"项目的支持与经费资助，特表感谢！

田伟金

目　　录

第1章 白蚁的生物学和生态学

1.1 白蚁的品级分类

白蚁是最古老的社会性昆虫，至今已有几亿年的发展史。群体具严密分工是营群体生活的社会性昆虫的一大特点。一个成熟白蚁巢群由多个白蚁品级组成，各品级地位不同，各司其职，密切配合，互相依存，脱离巢群的个体不能独立生存。低等白蚁巢群结构简单，品级少，个体数量少；相反，高等白蚁巢群复杂，品级多，个体数量多。白蚁群体中的品级分类、特点及其职能见表1－1。

表1－1 白蚁群体中的品级分类及其职能

品级分类		特 点	职 能
生殖蚁	原始蚁王、蚁后（长翅型生殖蚁）	长翅繁殖蚁分飞脱翅配对后形成。每个蚁巢通常仅有一对，但有时也存在一王多后、二王多后或多王多后的现象。蚁后体形远比蚁王大，且腹部逐年膨大	蚁后专司产卵、繁殖后代，蚁王专职与蚁后交配
	短翅补充蚁王、蚁后（短翅型生殖蚁）	仅在某些白蚁种类中出现，而且数量不固定，从数十头到上百头不等。一般仅当原始蚁王和蚁后死亡后才出现，但也有原始蚁王、蚁后与补充型蚁王、蚁后在同一巢内同时存在的情况，此时，补充型繁殖蚁没有生殖能力	当原始蚁王、蚁后死亡后，替代蚁王和蚁后
	无翅补充蚁王、蚁后（无翅型生殖蚁）	比短翅型生殖蚁更少见，仅在个别白蚁种类中有所发现	与短翅型生殖蚁的职能相同
非生殖蚁	工 蚁	没有生殖能力，在巢群中数量最多。某些白蚁种类的工蚁有大、中、小之分。低等的木白蚁科中没有工蚁	在巢内担负取食、筑巢、筑路、运卵、吸水、培养真菌、喂哺巢群内其他个体以及孵卵等群体内一切事务
	兵 蚁	没有生殖能力，也不能直接取食，在群体中的数量可因种类、巢群和环境等因素而有变化。某些白蚁种类的兵蚁中有大、中、小之分。高等白蚁科的某些种类中没有兵蚁	担任警卫和战斗的职能，不参与群体内其他工作

台湾乳白蚁的生活史、台湾乳白蚁的形状、白蚁蚁后产卵状况，分别见图1-1、图1-2、图1-3；堤坝白蚁雌雄蚁配对、白蚁配对后在土中打洞筑巢、白蚁在巢内产卵，分别见图1-4、图1-5和图1-6。

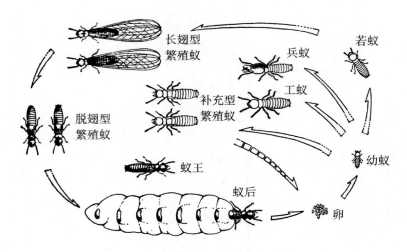

图1-1　台湾乳白蚁的生活史（广东省昆虫研究所，1979）

图1-2　台湾乳白蚁的若蚁

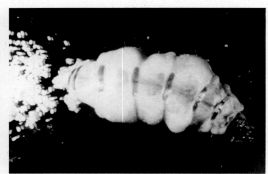

图1-3　白蚁蚁后正在产卵

图1-4　堤坝白蚁雌雄蚁
追逐配对

图1-5　堤坝白蚁配对后
在土中打洞筑巢

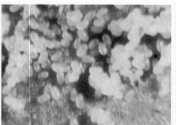

图1-6　堤坝白蚁在巢内
产的卵

1.2 白蚁的形态特征

1.2.1 白蚁的外部形态

白蚁为多形态昆虫,不同品级个体的体形有显著差异,同一品级的工蚁和兵蚁也可具能有两个或两个以上的不同形态,如大、小工蚁和大、小兵蚁等。

白蚁身体分头、胸、腹三部分。生殖蚁和工蚁均属原始型,其外部形态基本保持原始状态,头胸部特征变化不明显,通常都是近圆形或卵圆形,上颚齿列较固定。兵蚁则属蜕变型,头部和前胸背板形状变化大,其形态特征是重要的分类依据;兵蚁头部有圆形、卵圆形、方形和象鼻形等,上颚差异也较大,是分类特征之一。

白蚁头部具咀嚼式口器,但仅有工蚁是用于取食的,因此,工蚁是直接进行为害的主体。

白蚁胸部分节明显,中胸背板与后胸背板连接,但不与前胸背板相连。长翅型成蚁在中、后胸各有一对狭长的膜质,前后两对翅基本相似;短翅型白蚁的翅外形像发育不全的翅芽。

白蚁各品级个体的腹部外形相似,呈圆筒形或橄榄形,分10节,雌雄蚁腹部形态差异在末端腹节。五种常见白蚁种类兵蚁的形态区别见表1-2。

表1-2 五种常见白蚁种类兵蚁的形态区别

白蚁种类	头部特征	前胸背板特征	头部及前胸背板形态图 (广东省昆虫研究所,1979)
台湾乳白蚁(家白蚁) *Coptotermes formosanus*	卵圆形,淡黄色,最宽处在中部,上颚镰刀状,囟位于前额中央,近圆形,大而显著。泌乳孔遇敌时可喷出乳白色浆液	扁平,比头部狭窄	
黄胸散白蚁 *Reticulitermes flaviceps*	长方形,两侧平行,毛序较多,上唇有侧端毛,囟小,呈点状,前额显著隆起并高出头后水平	扁平,比头部狭窄,毛较多	

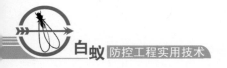

续表 1 - 2

白蚁种类	头部特征	前胸背板特征	头部及前胸背板形态图（广东省昆虫研究所，1979）
截头堆砂白蚁 *Cryptotermes domesticus*	近方形，黑色，额部垂直，额坡面与上颚成交角，几乎呈垂直的截面	扁平，与头部等宽或宽于头部	
黑翅土白蚁 *Odontotermes formosanus*	卵圆形，暗黄色，长大于宽，最宽处位于头部中后段，上颚镰刀状，左上颚中部前方有一明显的小齿	比头部狭窄，前半部翘起呈马鞍状	
黄翅大白蚁 *Macrotermes barneyi*	宽卵形，赤黄色，最宽处在中部，前后缘聚合，中间两侧平行。上唇尖端呈透明的三角形	比头部狭窄，前半部翘起呈马鞍状	（大兵蚁）（小兵蚁）

1.2.2　白蚁与蚂蚁的区别

白蚁与蚂蚁虽同属社会性昆虫，群体内也分多个品级，但它们在分类上有着本质区别，在形态特征和生活习性上也有显著差异。（见表 1 - 3）

表 1 - 3　白蚁与蚂蚁的区别

	白　蚁	蚂　蚁
分　类	属等翅目（Isoptera）	属膜翅目（Hymenoptera）
形　态	①体色多为淡白色或灰白色；②有翅成虫前后翅等长，翅长大于体长（指长翅型成虫）；③胸腹相连处几乎等宽，没有腰节	①体色为黄色、褐色、黑色或橘红色；②有翅成虫前翅大于后翅；③胸腹之间由明显的细缩成柄状的腰节相连
个体发育	为不完全变态，个体发育没有蛹期	为完全变态，个体发育具蛹期

续表1-3

	白　蚁	蚂　蚁
食　性	主要取食木材和含纤维素的物质，能蛀食多种植物性和动物性的材料、无机物和高分子合成材料，大多数种类没有贮存食物的习性	食性广，为肉食性或杂食性，具贮存食物的习性
生活习性	①畏光，活动和取食时有蚁路或泥被作掩护；②雌雄成蚁分飞落到地面后脱翅交配，建立新的巢群，雌雄蚁长期生活在一起，经常交配	①不畏光，只有个别少数种类在活动时修筑蚁路；②雌雄成蚁在空中交配，雄蚁在交配后不久即死亡

1.3　白蚁的扩散传播

白蚁的扩散传播一般有分飞、蔓延和带入三个途径。

（1）分飞。发育到一定成熟程度的白蚁巢群在适宜的气候条件下发生分飞现象，此时，有翅繁殖蚁飞出集体（见图1-7），分飞配对，各自建立新的蚁巢；但能成功配对的仅为少数，不能配对的繁殖蚁很快即死亡。每年的4～6月是白蚁分飞繁殖的季节，个别蚁群可能会由于种类和环境温度的原因而出现分飞提前或延迟的情况。白蚁通常一年进行多次分飞行为，通过分飞来扩展巢群，维持种群的繁荣昌盛。

图1-7　分飞季节大量有翅繁殖蚁从巢内飞出

（2）蔓延。白蚁可从室外通过墙边和阶砖的缝隙、混凝土裂缝、砖间灰砂缝侵入

室内，也能从木门框的入地部分由地下侵入室内，有不少的白蚁还从建筑物周边附近的大树蚁巢入室为害。

（3）运入。在调运货物和引入苗木时，白蚁可随木料、包装箱、苗木和砂石等从白蚁危害严重的地区运至其他地区或国家为害。某些属的白蚁种类，如乳白蚁属、散白蚁属、堆砂白蚁属和木白蚁属等，比较容易通过人为带入而传播。

第 2 章　白蚁危害及蚁害检查

2.1　白蚁的危害

　　白蚁危害的对象广泛，对房屋建筑、堤坝、农林作物、交通与通讯设施、橡胶塑料、文物资料、布匹织物和军用物资等均能造成危害。白蚁蛀食的物质很多：①主要以木材和纤维性物质为食，几乎能蛀食所有的植物性材料；②能蛀食包括丝、毛、骨头、贝壳、蜂蜡和皮革等大多数动物性材料；③能蛀食部分的无机物如泥砖、云母片、石膏、石灰和灰沙、玻璃纤维等；④能蛀食部分高分子合成材料，如化纤织品、塑料薄膜、人造革、硅橡胶、聚氨酯泡沫塑料等也能蛀食。此外，白蚁分泌的蚁酸可腐蚀金属。

　　目前，我国已发现白蚁共 4 科 44 属 476 种，其中，分布在广东省的有 23 属 72 种。我国白蚁种类绝大部分分布于野外且对生态系统的物质循环起重要的作用，而对生产和人民生活构成直接危害并造成严重经济损失的白蚁种类不到白蚁总数的二十分之一。

　　在我国造成严重为害的白蚁属主要有 5 个，分别为乳白蚁属 *Coptotermes*、土白蚁属 *Odontotermes*、散白蚁属 *Reticulitermes*、堆砂白蚁属 *Cryptotermes* 和大白蚁属 *Macrotermes*。不同属的白蚁种类因生物学和生态学差异而各有其危害特点（见表 2 – 1）。

　　有关黑翅土白蚁、黄翅大白蚁、土垅大白蚁、海南土白蚁和冈土白蚁的图件及说明分别见图 2 – 1 至图 2 – 9。

表2-1 我国五大主要白蚁属及其南方代表性种类的危害特点

白蚁属	危害特点	代表性种类	危害对象	栖性	分飞季节	筑巢
乳白蚁属 Coptotermes	破坏建筑物最严重，且在短期内可造成巨大的损失；其危害特点是：扩散力强，群体大，破坏迅速	台湾乳白蚁 Coptotermes formosanus	为害对象广，包括房屋建筑、木材、储藏物资、埋地电缆、农林作物和园林绿化等	土木栖	每年4~6月份潮湿、闷热的傍晚	蚁巢为集中型千层巢，由许多含木质纤维为主的巢片构成。可在地上、地下及树中筑巢，地上和地下的巢一般呈椭圆形，直径0.2m至1m以上，有时因条件限制蚁巢呈长方形、片状或不规则形状。树心巢一般筑在树头或地面以下30cm左右。由树干伤口进入形成的蚁巢多数位于树干内的地上巢。蚁巢有主、副巢之分，外表上较难区分，但主巢上较明显，外围泥壳坚硬、多位于阴暗潮湿和掌握近水的点状通气孔，主巢内有蚁王蚁后、幼蚁和卵
土白蚁属 Odontotermes	主要在室外为害，对树木、堤坝等危害较广，尤其是为害堤坝，通常可造成散浸、管漏和跌窝等险情，严重时可酿成垮坝的重大事故	黑翅土白蚁 Odontotermes formosanus	堤坝、水库、农林作物和树木、房屋地面木结构等	土栖	每年4~6月份傍晚或暴大雨期间或雨后之后的时段	地下筑巢，一般2m左右深，有的可达2m~3m。主巢底径一般为50cm~60cm，有的可达1m~2m。蚁群由许多由土白蚁自己制造的菌圃组成。分群孔呈小土堆突起，一般修筑在离主巢的水平位置上，候飞向高堆和高草丛中。通风向阳且不易积水的陵坡和高坡，数量多，多数呈扁形条状堆室，长短不等，由蚁道延伸出地面

续表 2-1

白蚁属	危害特点	代表性种类	危害对象	栖性	分飞季节	筑巢
散白蚁属 Reticulitermes	在我国分布最广、种类最多的白蚁。一般只在建筑物的底层为害，也可通过蚁路来为害建筑物的底层木柱或在其上修筑层建筑物的地板，蚁路比家白蚁的细小	黄胸散白蚁 Reticulitermes flaviceps	木构件、木家具、室外木桩和竹篱笆以及树木和农作物等	土木栖	每年2～4月份潮湿、闷热的中午前后时段	不修筑大型巢。巢修筑在木材中或近地面处，巢群中个体数量较少，群体生活比较分散
堆砂白蚁属 Cryptotermes	在我国南方局部地区可严重破坏建筑物的木结构	截头堆砂白蚁 Cryptotermes domesticus	坚硬的木家具、木构件等以及林木	木栖	每年3～10月份下午黄昏时分	以蛀食形成的通道为巢，巢结构简单
大白蚁属 Macrotermes	同土白蚁属	黄翅大白蚁 Macrotermes barneyi	堤坝及林作物和树木	土栖	每年4～6月份凌晨2～5时大雨或暴雨期间或之后的时段	巢筑于地下，深0.2m～1.0m，一般不超过1m。主巢腔大小一般，底径50cm～60cm，通常出现向左右或深处转移的现象。大白蚁能自己制造菌圃，一般菌圃表面离地面45cm～60cm。分群孔有凹形分群孔，分群孔突和分群孔堆三种形式，候飞室较发达

图2-1 黑翅土白蚁
（解剖蚁巢）

图2-2 黑翅土白蚁打开
分群孔，开始分飞

图2-3 黑翅土白蚁的主巢

图2-4 黑翅土白蚁在堤坝内
修筑隧道，直径可达数厘米

图2-5 黄翅大白蚁的主巢
（王宫）

图2-6 黄翅大白蚁的菌圃

图2-7 土垄大白蚁蚁巢隆起于
地面上的部分如坟墓状

图2-8 海南土白蚁的主巢
（王宫）

图2-9 凶土白蚁的主巢
（王宫）

2.2 白蚁蚁害检查方法

2.2.1 建筑物的蚁害检查

2.2.1.1 为害的主要白蚁种类
为害建筑物的主要白蚁种类是台湾乳白蚁和截头堆砂白蚁。

2.2.1.2 为害特点
台湾乳白蚁是我国南方为害建筑物的主要白蚁种类，多数情况下都是入室为害的。该蚁可通过墙壁缝隙、混凝土裂缝、瓷砖和火砖的间缝、木门框入地部分等入室为害，或是在分飞季节时由有翅繁殖蚁从室外成熟巢中分飞进入建筑物内（尤其是高层建筑）

建立新群体，在室内定居繁殖为害。台湾乳白蚁的巢是集中型大型巢，有的成熟巢可分出多个副巢。每巢群体十分庞大，个体数量可达数百万头，每年分飞季节可分飞出成千上万甚至数万头繁殖蚁，每个成熟老巢可产生 50～75 个新巢体。台湾乳白蚁的食性很杂，可蛀食建筑物内的大多数物件，而且还可到巢外 100 多米处觅食。

截头堆砂白蚁能蛀食较坚硬的木材，主要为害室内的木质家具和木构件，对建筑物具有相当大的危害性（见图2-10 至图2-12）。该蚁具有很强的耐干燥能力，活动隐蔽，一般不外出活动也不修筑外露的蚁路；在木材内修筑的隧道形式多样，迂回曲折，隧道孔口很小，给防治带来较大困难。截头堆砂白蚁的群体小且容易建立新群体，大约10头以上的若蚁在10天左右即可建立一个新蚁群。通常情况下，一段木材中可能同时存在多个截头堆砂白蚁的群体，因此给防治工作带来一定的困难。

图2-10　被台湾乳白蚁为害的木家具、木构件

图2-11　台湾乳白蚁在建筑物内为害水管和金属门框

图 2-12　台湾乳白蚁为害建筑物内的电插座和电开关

2.2.1.3　检查方法及检查重点

建筑物蚁害检查的一般次序为：先室内后室外，先下后上，先重点后全面。检查工作要细致，凡有木材的地方都不能遗漏。室内的蚁害检查主要集中在厨房、洗手间以及建筑物内较潮湿的地方，重点检查的物件有：门窗框、墙角边缘、墙角与天花板或木地板的交接处、衣柜与橱柜、久未搬动的木箱柜以及建筑物内的木构件、电线槽与水管等。建筑物首层内的物品通常蚁害较严重，需仔细检查。若在建筑物首层天花板上发现白蚁分群孔，还应仔细检查室内外其他地方，包括室内的墙角、楼梯底以及室外的树木和绿化地等。不同结构类型建筑物的蚁害检查的重点有所差异（见表 2-2）。

表 2-2　不同建筑物结构类型的蚁害检查重点

建筑物类型	重点检查部位
砖木结构建筑物	重点检查正梁和横梁与墙交接的部位、天花板夹层、门楣和楼梯等处
钢筋水泥结构建筑物	着重检查墙的四角、墙壁裂缝、暗排水管附近的空位、地窖、门窗框以及天花板等
建筑材料主要为木材的建筑物	重点检查主梁、横梁和木柱的交接部位
仓库	注意查看墙角、门脚以及柱边下部

现场检查主要是查看建筑物内有无蚁路以及蚁路上是否有白蚁在活动（见图 2-13 至图 2-17）。

墙壁、地板和木构件等的内部隐蔽蚁路一般没有明显特征，检查时可用螺丝刀敲打这些地方，听其声音是否空洞沉着，再将耳朵贴近物件，静听内部有无轻微的白蚁走动的声音，如果有此声音即表明里面有白蚁。同时，要检查物件上是否有白蚁的排泄物、分群孔、通气孔等，还可沿着发现到的局部蚁路寻找其他蚁害点。此外，应观察室内是否有其他的蚁害疑似点，如墙壁透出水渍或膨胀鼓起以及地面下沉的部位等都可能存在蚁巢。此时，可用螺丝刀在这些可疑部位打孔钻探，若打孔阻力很小即表明内有蚁巢，若拔出螺丝刀后片刻有大量兵蚁涌出（有时还可见蚁巢片屑），则可确定此为蚁巢位置了。截头堆砂白蚁常常将木材表面蛀孔，然后将其硬似砂粒的粪便从隧道中搬出巢外形成小砂堆，据此特征可判断其为害。

图2-13　仔细检查室内阴暗潮湿角落处的蚁害痕迹

图2-14　久不搬动的箱子和杂物堆中多数存在蚁患

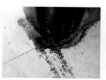

图2-15　要注意查看天花、墙壁、门和墙脚等处的蚁害痕迹

图2-16　建筑物内的电线槽、贴瓷砖的墙面以及楼梯底需仔细检查蚁患

　　台湾乳白蚁往往是由室外入室为害的，有时在室内发现白蚁活动迹象，但其集体很可能在室外。因此，建筑物周边环境也是检查的重点，特别是当建筑物首层受到白蚁为害时必须检查建筑物外围，尤其是建筑物周边的绿化树木或堆积摆放的木材是蚁害严重或接近蚁巢的地方。

图 2 – 17　建筑物外围以及建筑物附近的绿化需要仔细检查蚁害痕迹

　　检查蚁害主要是根据白蚁的活动痕迹来判断和追踪蚁巢。台湾乳白蚁的蚁巢都比较隐蔽，但还是有迹可循，因为蚁巢一般都具有外露特征物（见表 2 – 3），常见的外露特征物包括白蚁的排泄物、分群孔、通气孔、蚁路和吸水线等。

表 2 – 3　台湾乳白蚁蚁巢的常见外露特征物

特征物	特点	判断要点
排泄物	为工蚁筑巢时搬至巢外的经加工过的物质。数量多少反映了蚁巢大小，幼龄蚁巢的白蚁排泄物较少	为灰褐色或棕色的疏松泥块。通常堆积在蚁巢外围，有时紧贴着蚁巢（如砖木结构建筑物的），有时离蚁巢较远。泥墙木结构和砖木结构建筑物的地上巢，白蚁排泄物一般较明显；但天花板内的蚁巢、混凝土结构建筑物的地下巢以及墙裙内的蚁巢，白蚁排泄物较难发现
分群孔	为有翅繁殖蚁分飞离巢的出口，一般在蚁巢附近，数量从几个到几十个不等。分群孔出现于成年蚁巢，幼龄蚁巢不具分群孔	通常为长条状，1cm～5cm 长，孔口有泥封住（分飞季节除外），坚硬而干燥，微凸起，有的分群孔呈不规则的颗粒状、锥形和肾形等。分飞季节时，分群孔的泥沙湿润新鲜，孔口有兵蚁和工蚁把守。分群孔多数分布在蚁巢上方或偏上方，离地面较低即接近主巢，反之则远离蚁巢。一般修筑在室内的木构件、铝合金门框边缘、窗框或地面与墙交接处、木或塑料电开关边缘、地面裂缝和楼梯级缝、干燥的下水道砖缝、电梯井内壁、室内伸缩缝和沉降缝等地方
通气孔	为白蚁调节蚁巢内气体和温湿度的小孔，一般接近地上巢的表层或附近，数量从几个到几十个不等。成年蚁巢的主巢外通常都可找到通气孔	孔口圆形如针孔、小米或芝麻状等，直径约 0.1cm，孔口一般有泥堵塞而不易被发现，通常不规则地排列成梅花状或虚线状
蚁路	为白蚁觅食、联络主副巢、通向分群孔和通气孔等的通道，以及白蚁在活动时用于保护其个体免受天敌袭击的掩体。用泥筑成的外露的蚁路为"泥路"，隐藏于地下或物体中的为"隧道"或"蚁道"	有白蚁通行的蚁路外表潮湿，无裂缝，颜色较暗，不容易脱落；无白蚁通行的蚁路干燥松散，有裂缝，易脱落。蚁路密集粗大、蚁路被破坏后工蚁修补蚁路快以及大量兵蚁出现在蚁路一端，这些状况均指示蚁巢的方向

续表2－3

特征物	特点	判断要点
吸水线	为白蚁通往水源以吸取水分的蚁路，较隐蔽，一般距离主巢不远，白蚁在上面活动频繁。但不是所有台湾乳白蚁蚁巢都具有吸水线	隧道状，1～2个手指宽，较一般蚁路扁宽，经常保持高度潮湿。通常修筑在夹墙内、地下或其它较黑暗隐蔽的地方。找到吸水线后，将其截断一小段，大量白蚁逃往的方向即为主巢方向

　　台湾乳白蚁的分群孔见图2－18，台湾乳白蚁的蚁路见图2－19，台湾乳白蚁排泄物堆积处见图2－20。

图2－18　台湾乳白蚁的分群孔

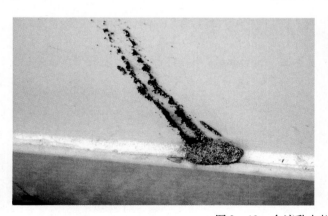

图2－19　台湾乳白蚁的蚁路

　　台湾乳白蚁在建筑物内可修筑地上巢和地下巢。因台湾乳白蚁喜蛀食木材，故建筑物内有木材且较潮湿的地方通常是蚁巢所在，如室内墙角、厨房和卫生间的木门框、靠近厨房和卫生间的木地板等。台湾乳白蚁在室内筑巢具有一定的规律性（见表2－4），在检查中可作参考。

图 2-20　台湾乳白蚁排泄物堆积在墙角处，但其巢修筑在地下

表 2-4　建筑物内台湾乳白蚁蚁巢分布规律以及查巢要点

	地上巢	地下巢
筑巢特点	台湾乳白蚁的地上巢多修筑在温、湿、暗、静的地方以及木材集中和通风不畅的地方。乳白蚁可在泥木结构房屋的泥墙中筑巢，但不在砖木结构房屋的砖墙中筑巢。混凝土结构房屋的室内结构复杂，乳白蚁的筑巢位置多种多样，也可在空心的夹墙内筑巢	台湾乳白蚁在建筑物内修筑地下巢多数是由于建筑物室内地面上缺少其筑巢所需的材料或依附条件，如仓库或农村的薄泥墙民房等，因此通常此类建筑物内乳白蚁的地下巢较多。在广东，台湾乳白蚁的地下巢一般为20cm～40cm深
常见的蚁巢分布位置	①正梁或横梁的交接处，金字架支架与墙或阁楼底下横梁与墙的交接处；②门框或窗框角的泥墙内，水管附近的空心墙内；③楼梯底下或楼梯与地相连的木柱上，骑楼下方的木柱内；④木板批档（天花板）的夹层内；⑤木地板或舞台底下的横木上；⑥与空心砖柱相连的横梁上；⑦久未搬动的木箱木柜内；⑧壁柜、电闸板或消防箱的下方空隙部位	①墙角下方；②门框和楼梯脚下；③炉灶底下；④木柱埋地部分的附近；⑤贮物室地下；⑥下水管附近。一般分布规律为：多在高，少在低；多在干，少在湿；多座东南，少座西北；相对较接近水源

续表2-4

	地上巢	地下巢
查巢要点	主要查看白蚁排泄物、分群孔、通气孔、蚁路等特征物（参见表2-2）。混凝土结构建筑物中的蚁巢外露特征不明显，还需要重点检查通气孔、水渍以及室内批档变形等地上巢的表征。分群孔与蚁巢较接近，分群孔离地面较低，分飞点较多	检查时应注意查看地下巢的表征，常见的表征有：①地下巢上方墙边1.5m以下有3～9个芝麻或绿豆大小的泥点；②门窗框、桁杉和墙边有分群孔，其下方的地下多数有蚁巢；③在分飞季节，地下巢上方约1m的墙边可见一个2cm×3cm大小的多孔的泥坯；④沥青或阶砖地台下方如果有地下巢，通常会出现裂缝或下沉，墙边灰砂缝中可见蚁路和泥点，表面较潮湿，敲击有空洞声；⑤蚁路土粒与地下土的颜色相似，此为判断地下巢的重要依据之一。地下巢的分群孔和通气孔一般较难发现；分群孔有主次之分，主分群孔位置较低且分飞点较多，次分群孔位置较高且分飞点少而集；低的分群孔接近主巢，反之则远离主巢。地下巢附近可找到白蚁的排泄物，有时排泄物在地面门脚处堆积成半球状；混凝土地面上的白蚁排泄物较难发现，泥地上的白蚁排泄物的颜色与泥土相似，也不容易分辨，但后者是微粒状结构，容易捏碎，因此可以以此来判断。有时还需要凿开地面或掀起阶砖以检查切断蚁路后白蚁的活动情况，如果大多数工蚁向地下逃逸并且大量兵蚁由地下涌出，则附近很可能存在地下巢

台湾乳白蚁在家具内、土墙中及室内修筑的蚁巢见图2-21至图2-24。

图2-21　台湾乳白蚁在家具抽屉内
修筑地上巢

图2-22　台湾乳白蚁在土墙中
修筑墙心巢（地上巢）

图2-23　台湾乳白蚁在久未搬动的　　　　　图2-24　台湾乳白蚁在室内修筑地下巢
　　　　　杂物堆内筑地上巢

2.2.2　堤坝水利设施的蚁害检查

2.2.2.1　为害的主要白蚁种类
黑翅土白蚁和黄翅大白蚁。

2.2.2.2　为害特点
白蚁在堤坝内筑巨型巢，其主巢大的直径可达数米，周围还分布有数十个至上百个副巢（卫星菌圃），主副巢之间由复杂的蚁道系统连接，其中不少蚁道贯通堤坝的内外坡，常造成堤坝散浸、管漏和跌窝等险情（见图2-25），严重的可导致堤坝崩塌。

黑翅土白蚁对堤坝的危害极大，一个成年巢一般可在堤坝内挖空1立方米的土方，多的可达数立方米（见图2-26）；其主蚁道特别发达，常穿通堤坝的内外坡而造成严重的管漏险情。

黄翅大白蚁为害堤坝水利设施相对没有黑翅土白蚁的严重，其主蚁道不发达，一般不贯穿堤坝，挖空堤坝内的土方一般不超过1立方米。

图2-25　黑翅土白蚁为害土质　　　　　图2-26　黑翅土白蚁在堤坝内
　　　　　堤坝酿成管涌（漏）险情　　　　　　　　修筑的蚁巢达3米多深

2.2.2.3 检查方法及检查重点

堤坝白蚁于地表取食时常先修筑泥被和泥线覆盖于食物上，以遮光和防天敌，然后才在泥被和泥线内取食，因此，泥被和泥线的有无是判断堤坝是否存在蚁患的一个重要依据；此外，分群孔也是判断堤坝白蚁为害的一个重要的地表外露特征。

堤坝水利设施的蚁害检查主要是检查堤坝的迎水面和背水面是否有白蚁为害的迹象，如查找蚁路、泥被和泥线以及分群孔等。在铲除地面杂草时如果发现白蚁，则可沿着白蚁去向来寻找小蚁道，并最终找到主蚁道。

蚁害检查工作最好安排在一个比较合适的时间。如在高温期间，白蚁一般集中在清晨和黄昏时段活动，此时开展检查和灭治工作的效果较好。在高温多雨的6～8月，黑翅土白蚁菌圃上方露出地表处通常长出鸡坳菌，在雨后出土1～2天内比较容易发现，沿菌的假根向地下挖1m左右即可找到白蚁菌圃（见图2－27），可根据鸡坳菌的分布范围以判定巢群所处的大致位置。在天气干燥时，白蚁多集中于阴暗潮湿处取食，或在迎水坡的漂浮物、防汛材料和其他杂物下取食，可以检查这些地方是否有白蚁活动痕迹。

图2－27 鸡坳菌下面必定有堤坝白蚁的主巢或副巢（菌圃）

堤坝白蚁的泥被和泥线、分群孔、主蚁道等与白蚁主巢位置之间具有一定的规律性，因此，可根据堤坝白蚁的这些特征物来寻找白蚁主巢（见表2－5）。

表 2-5　根据堤坝白蚁特征物寻找白蚁主巢的判断要点

特征物			特点及检查要点
泥被和泥线			为堤坝白蚁在取食前用唾液将堤坝内的泥土加工并覆盖于食物上的泥土薄片，即为泥被；若食物是成片状的，即为泥线。一般出现在杂草多、阴暗的地方，在干旱雨后出现较多。查找泥被和泥线的最佳时间为秋季，沿着泥被和泥线可找到较大的蚁道
			形成分群孔前用唾液分泌的睡液粘混一起，潮湿且粘结成细小均匀的颗粒，不易碎；切开土堆现出的孔口为底平上拱，而非圆形。分群孔挖开后可现出较宽的半圆形的庇飞室，在下挖30cm～50cm可现主蚁路。通过分析白蚁分群孔在堤坝表面的分布图像可较快地确定堤坝主巢的分布方位，而目效分群孔通常距离主巢3m～5m，或稍远。从分群孔密集处开挖，如遇到两片或多片状的分群孔分布多片状或两片状的分群孔分布在堤坝主巢垂直于堤坝中轴线，则应该从水平位置最高的一片分群孔相似的小土堆或成回陷，主巢即此图像由堤坝判断由堤坝表面形成成与堤坝表面形成可能在此图像的下方。其他生物也有可能在此图像的下方。要正确判断由堤坝由此图像判断由堤坝表面形成的分群孔
分群孔	黑翅土白蚁	分群孔特征	凸出地面呈扁圆圆锥状小土堆，底部直径2cm～4cm，一般为2～3片，有的为数片
		分群孔与主巢分布方位的关系	①分群孔多为一片状分布图像，近似一个三角形，亦称常见分群孔分布图像，少见两片或多片分布的；②分群孔密集点到主巢距离1m～5m；③常见分群孔图像分布区为一个小范围，主巢一般分布在距分群孔密集点上方1.7m～4.5m范围内，个别为5m；④主巢在堤坝坡面的位置到常见分群孔分布面图像的密集点之间向该片分群孔密集点上方堤坝中轴线作垂直线一般在38°以内
	黄翅大白蚁	分群孔特征	半月形凹入地面或呈小圆碟状，土粒较粗
		分群孔与主巢分布方位的关系	①分群孔分布图像呈一片状时，几何图像为近似三角形和四边形，少数为五边形和六边形等；②主巢分布方位在分群孔分布图像上方图像中的比例大约为4:3；③主巢分布方位在分群孔分布图像的上方，分群孔密集点到主巢的距离为1m～4m，若主巢位置在图像中的，分群孔密集点到主巢距离为1m～4m，主巢分布方位与黑翅白蚁的大致相同，一般在垂直堤坝线左右各40°的扇形面积内，个别的主巢分布方位范围较大；④主巢分布方位范围内，个别的主巢分布方位此距离为0.7m～1.7m
	其他生物形成的地面凸起或凹陷	蚂蚁	形成土堆或凹陷的土比其他生物的更加松散
		蚯蚓	形成的土堆呈环形条纹，不粘在一起
		金龟子	形成的土颗粒粒大，呈分散形

续表2-5

特征物	特点及检查要点
主蚁道	在发现泥被和泥线的地方，或在分群孔密集处或最大的分群孔处，小心挖开表层土以观察是否有半月形的孔道。前者若是在均质黄粘土的堤坝上，一般都能追挖出主蚁道，后者可顺着半月形孔道挖20cm～30cm，待出现多个宽扁向内挖飞室再向内挖数十厘米即可现出主蚁道，但此过程适宜在有翅繁殖蚁分飞前进行；没有白蚁活动痕迹的蚁道可能为封闭道或废道，前者是堤坝用泥土将蚁道封堵后形成的，后者内部干燥无潮，有细小裂口，有细小的颗粒，或者底面上有菌圃光滑，呈白色、黄色或黑色。从封闭道或废道继续追挖下去也可能找到主巢，有时可在蚁道内发现棉絮状细小如头发的菌丝，通常情况下找到蚁道是分岔或交叉的，此时需正确判断对着锐角方向的主蚁道方向以进一步判断主巢方向［见（1）的描述］。根据主蚁道的特征也可判断主巢方向［见（2）的描述］
	（1）根据蚁道变化类型判断主巢方向的一般规律*（右图为蚁道形状，图中箭头指示主巢方向）
	①主巢方向与分岔方向相反，主巢在上方；分岔向下，主巢在上，岔向上，主巢在下方）

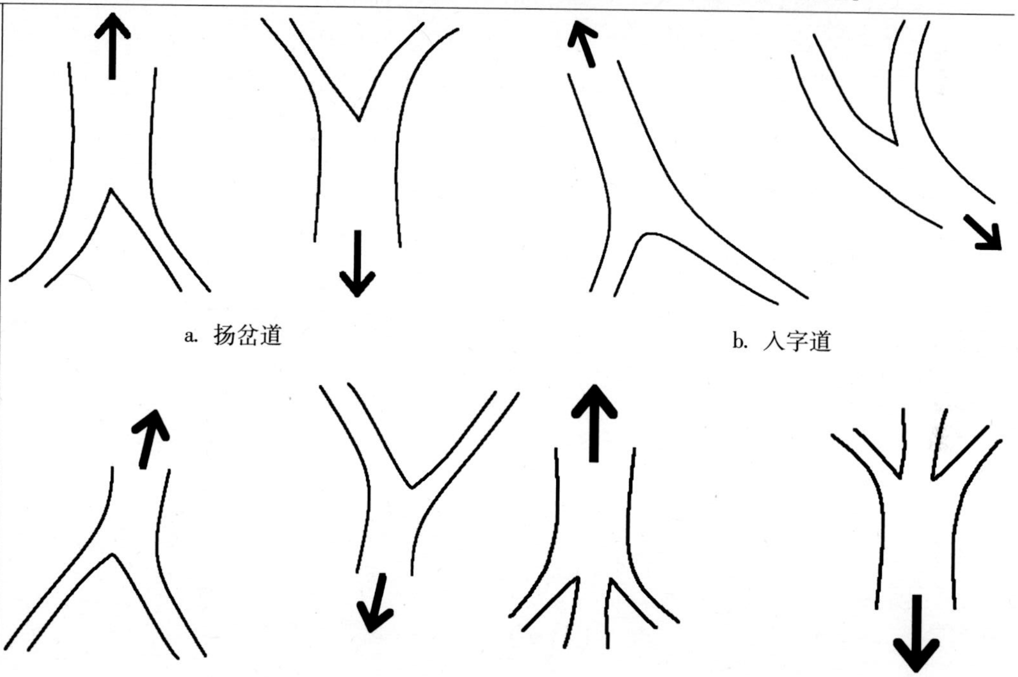

a. 扬岔道   b. 人字道

c. 入字道   d. 个字道

续表 2 - 5

特征物	特点及检查要点	
	a. 七字道　b. 厂字道　c. T字道　d. 工字道　Z字道	
	② 主巢在拐弯呈弧形方向	
	③ 主巢在坝心方向	

22

续表 2 - 5

特征物	特点及检查要点
	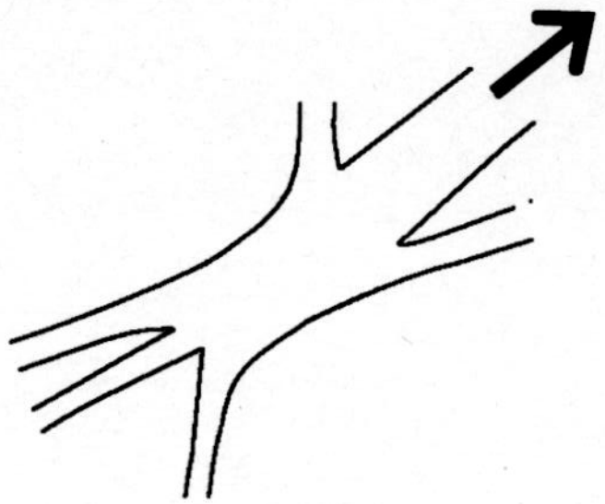 ④主巢在岔间较小的方向 双岔道
	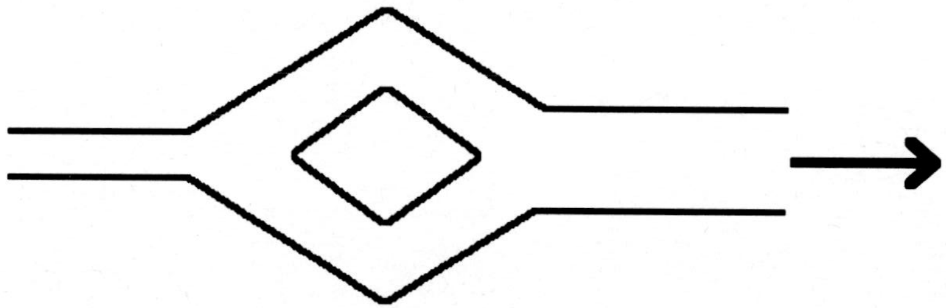 ⑤主巢在角度大的方向 环形道
	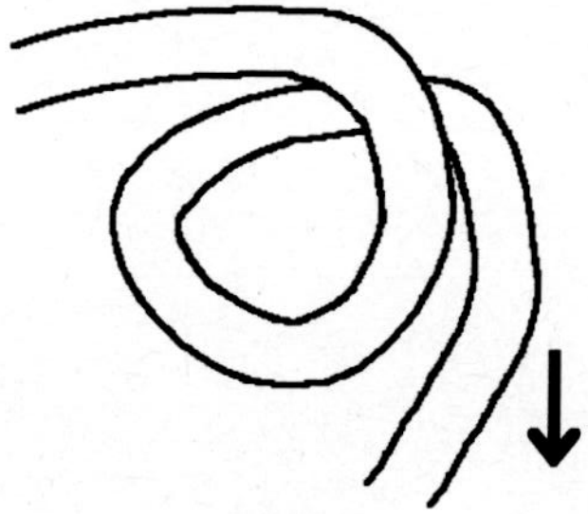 ⑥主巢在螺旋向下的方向 螺旋道

续表 2-5

特征物		特点及检查要点
（2）根据主蚁道的特征判断主巢方向的一般规律*	①主蚁道口径由小到大，主巢方向位于口径大的一端	
	②主蚁道纵切面上，主巢方向在蚁道高、底径窄且继续往下扎的一端	
	③主巢方向于多条蚁道共同朝向的一端	
	④主巢方向位于蚁道内工蚁和兵蚁数量多且活动频繁的一端	
	⑤主巢方向位于蚁道内酸腥味较浓的一端	
	⑥主巢方向位于蚁道上有工蚁紧急封闭蚁道口或有兵蚁紧守的一端	
	⑦追挖蚁道过程中，菌圃数量越多，个体越大，颜色越深，主巢里的幼蚁越小甚至出现蚁卵，表明越接近主巢	

* 引自：李桂祥等，1989。

寻找白蚁痕迹的图示见图 2 - 28 至图 2 - 31。

图 2 - 28　在堤坝附近找寻白蚁痕迹，如泥被和泥线、分群孔、主蚁道等

图 2 - 29　堤坝白蚁的泥被泥线隐藏在草丛中，不易被察觉

图 2 - 30　发现有堤坝白蚁痕迹后须立即作标记

图 2 - 31　地面上炭棒菌指示堤坝白蚁死巢的位置

2.2.3 电缆及通讯设备的蚁害检查

2.2.3.1 为害的主要白蚁种类
台湾乳白蚁。

2.2.3.2 为害特点
台湾乳白蚁对电缆的危害是世界性问题。电缆故障大部分都是由白蚁为害造成的，在我国南方地区造成的电缆故障率可高达60%～70%。白蚁蛀食电缆的铅皮、塑料和橡胶等护层，造成严重的线路故障。白蚁不仅能蛀食制造电缆的高分子材料，其分泌的蚁酸还对电缆的金属护套等有很强的腐蚀性。电缆在运行时可释放出一定热量，这些设施埋放位置较少人为干扰且地下阴暗潮湿的环境条件适合白蚁生存，安装时遗留的木板等杂物可为白蚁筑巢提供理想场所。因此，电缆较容易受白蚁为害（见图2-32至图2-37）。电缆一旦受白蚁为害，蚁害发展非常迅速。

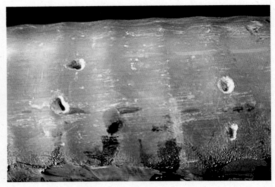

图2-32 白蚁蛀食电缆护套

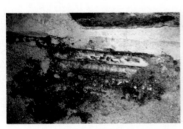

图2-33 白蚁为害埋地电缆线　　图2-34 白蚁在电缆坑内筑巢为害　　图2-35 白蚁蛀食放置于地上的电缆线

图2-36 白蚁在电厂的电缆槽内为害，筑起长长的泥被线

图 2 - 37　白蚁在电箱内筑巢为害

2.2.3.3　检查方法及检查重点

主要检查埋设电缆的地方是否有蚁路或蚁害迹象。埋地电缆必须每隔一小段距离即打开电缆盖板进行检查，电线与通信设备线路等如有盒子盖住也应打开盒子以检查里面是否有蚁害迹象（见图 2 - 38 至图 2 - 40）。如发现有蚁害迹象，需尽快查出白蚁为害点以进行治理。

图 2 - 38　白蚁在高压电房内留下的蚁路

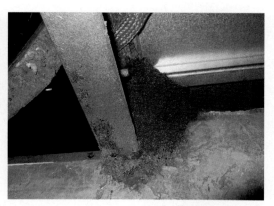

图 2 - 39　高压电房内角落处白蚁的排泄物

在不挖土的情况下，可利用物理检测法来检查埋地电缆的白蚁危害，此方法能检测出白蚁为害的具体部位，目前应用较多的是高压脉冲法和低压脉冲法。在测出电缆故障点后，结合生物分析法来测定是否为白蚁为害所致。另外，可利用诱饵进行检查，但却不能准确检测出白蚁有否为害电缆以及为害的具体部位。

图 2 - 40　挖开电缆沟以检查白蚁危害

2.2.4　园林绿化和农林作物的蚁害检查

2.2.4.1　为害的主要白蚁种类

台湾乳白蚁、黑翅土白蚁、黄翅大白蚁和黄胸散白蚁。

2.2.4.2　为害特点

对农林作物为害广泛，为害对象包括作物、果树和中药材等，其中，以旱地作物如甘蔗、花生和玉米等为主，在林木果树的苗期主要为害苗木的根茎部分。白蚁对农林作物和树木的为害，程度轻的可影响植株生长发育或导致减产，严重的可引致植株死亡。枝干内部为害的主要为台湾乳白蚁和散白蚁，台湾乳白蚁可筑树心巢，并可扩散蔓延至周围的建筑物为害；树皮表面为害的主要为黑翅土白蚁和黄翅大白蚁（见图 2 - 41 至图 2 - 42）。

绿化地的枯枝落叶和植物根部为白蚁喜爱的食料，加上地下土壤常年保持适宜白蚁巢居的湿度，因此，绿化地也成为白蚁的为害对象。城镇绿化地，尤其是住宅区周边绿化带，常常是白蚁巢源地之一，是建筑物蚁害的源头。

图 2 - 41　被白蚁蛀食的枯树，树头中央
为白蚁主巢

图 2 - 42　被白蚁蛀空的树干

2.2.4.3 检查方法及检查重点

林木蚁害检查主要是查看树基与地面接触的地方以及树干的瘤突、凹突处。检查时可用工具敲打树干以查看树干是否结实，同时观察树身有否泥线、泥被和蚁路，蚁路和泥被是否新鲜（新鲜的泥线一般较潮湿），以及是否有白蚁在活动，树干上是否有白蚁的排泄物，若树内有台湾乳白蚁蚁巢，排泄物通常堆积在树的枯枝断面（见图2-43至图2-45）。此外，还可观察树木的长势，如果在没有严重病虫害情况下树木仍然长势很弱，则极有可能是树木根部受到白蚁蛀食（见图2-46）。如发现树根有蚁害，一般较难直接进行灭治，须用诱杀法灭治。

台湾乳白蚁和散白蚁在树木枝干内部为害，其中，台湾乳白蚁在为害处产生较多的排泄物，在树干中筑树心巢，在表皮或树枝断折口有蚁路、分群孔或排泄物。黑翅土白蚁和黄翅大白蚁在树皮表面为害，一般在树干表面有一层新鲜的泥被和泥线，或有蚁路在树干表面蔓延。

绿化地蚁害检查主要是观察绿化地表面有否蚁路和泥被，以及草根处是否有被取食过而枯黄或长势较弱的情况。白蚁的分群孔通常筑在树头和泥土中，检查时也应注意这些地方。

图2-43 白蚁为害树木在树表留下泥被线

图2-44 黄翅大白蚁在树干上修筑的蚁路

 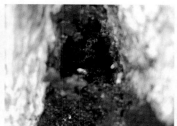 

图2-45 白蚁为害树木在树干表面留下痕迹，下部已被白蚁蛀食

图2-46 树基内部已被白蚁蛀空，可见大量白蚁在活动

第3章　白蚁防治常用的工具和药物

3.1　工具

　　白蚁防治工作中需要使用工具进行蚁害检查和实施灭治措施，常用的工具有喷粉器、螺丝刀和手电筒（见图3-1）；此外，有时还需要铁锤、木钻、手锯和凿子等工具以辅助工作。

　　检查和灭杀白蚁常用的工具及其使用方法见表3-1。

表3-1　常用的检查和灭杀白蚁工具及其使用方法

工　具	用　途	使　用　方　法
喷粉器	喷施灭蚁药粉的工具，由喷粉球、喷嘴和喷管三部分组成，喷管两端分别连接喷嘴和喷粉球	①施工前检查喷粉器各部分连接是否紧密，如漏气应更换，否则，将影响施药效果；②从喷管口拔出喷粉球，将药粉放入球内，药量不超过球容积2/3为宜；③施药时，将喷嘴对准蚁巢或蚁路，喷嘴朝上，按压球体使药粉喷出，药粉应尽可能喷在白蚁身上，每个蚁巢一般用药量5g～10g
螺丝刀	用于检查蚁害和灭蚁效果，以及灭治时用于辅助施药。螺丝刀不宜过于粗大，应选用优质坚硬的钢质材料	①检查蚁害时，用螺丝刀敲击辨音、打洞和撬开木材或蚁路以探查白蚁活动情况。②辅助施药时，用螺丝刀在蚁巢处打孔或揭开白蚁隧道或蚁路，一般在近蚁巢中心部位处用螺丝刀成"品"字形打3个洞，如遇杉头巢或墙心巢时，在杉木或墙体的两侧打洞。③检查灭蚁效果时，用螺丝刀直接插入蚁巢中探测主巢是否已死亡，如主巢已死，螺丝刀上可嗅到臭味
手电筒	查看蚁路、寻找蚁巢以及施药时用于照明，射程长、光线强的手电筒较为适宜	
铁锤	用以敲击辨音以及挖掘蚁巢	
手锯	用于锯断木构件等	
木钻	用于钻探修筑在树中的蚁巢	
凿子	用于挖掘蚁巢	

图3-1 白蚁检查和灭治的常用工具
（从左到右为喷粉器、螺丝刀、药瓶和手电筒）

3.2 白蚁防治药物

　　白蚁防控工作的有效实施，除了采用先进的防控技术和开展有针对性的处理措施外，选对合适的防治药物也是其中的一个关键因素。

　　白蚁防治药物一般分为灭杀用药和预防用药两大类。灭杀用药以灭杀为目的，药物必须对白蚁无明显驱避作用且对白蚁适口性好，可使其慢性中毒，一般要求缓效且持效期适中，这样即可通过白蚁个体将药物传播全巢，从而既达到理想的灭巢效果，又能降低药物对环境的破坏。预防用药以预防为目的，药物必须能对白蚁具有较强驱避作用且持效期长，这样才可达到预防白蚁为害的效果。有时，不同白蚁种类需要使用不同的防治药物或不同剂型的药物才能达到理想的防治效果。因此，需要根据防治的目的，即用于灭杀或是预防来选择药物、药物的剂型和具体的施药方法；同时，也应根据具体的防治对象以及现场实际情况来选择药物及相应的使用技术。

　　随着我国签署《关于持久性有机污染物（POPs）的斯德哥尔摩公约》的逐步实施，许多被证实对环境有极大影响的白蚁防治药物，如砷制剂、氯丹和灭蚁灵等有机氯制剂等长效难降解的药物已相继被禁用；取而代之的是一些对人畜和环境相对安全的、较易降解的药物，如毒死蜱、吡虫啉、氟虫胺等，这些药物的持效期和降解期相对较短，对环境的影响和破坏相对较小。

　　白蚁防治药物应使用农药登记中防治对象包含白蚁的药物，药物必须符合《中华人民共和国农药管理条例》中的有关规定，且经专业检测机构检验合格后方可使用，

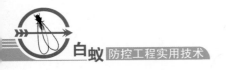

使用量也应符合农药登记规定的使用量。常用白蚁防治药物见表 3 – 2。

表 3 – 2   常用白蚁防治药物（黄静玲和肖维良，1999；卢川川等，1999）

使用目的	药 物
灭 杀	毒死蜱、吡虫啉、氟虫腈、氟虫胺、除虫菊酯
预 防	毒死蜱、吡虫啉、氟虫腈、氯菊酯、拟除虫菊酯、虫螨腈、仲丁威、高效氰戊菊酯、氯氰菊酯、溴氰菊酯、氟硅菊酯、联苯菊酯
毒 饵	氟虫胺、伏蚁腙、伏蚁灵、钼钨诱饵剂、福美双、氟虫腈、虫螨腈、氟铃脲、除虫脲
熏 蒸	溴甲烷、磷化铝、氯化苦、硫酰氟、敌敌畏

使用白蚁防治药物处理土壤和建筑物墙体，应根据土壤性质和周围环境状况来选择合适的药物。合适的药物应是农药登记证中注册可用于土壤处理的、与土壤颗粒结合力良好且不易在土壤中移动、持效期长又对白蚁具有显著的灭杀或驱避作用，药物干燥后不易燃易爆、不溶于水不挥发或难溶于水难挥发。

白蚁预防用药可以制成驱避白蚁的药剂屏障。例如，将易溶于水的白蚁预防药剂混入塑料中压制成网状、板状或颗粒状等不同样式的白蚁预防屏障，埋入建筑物基础内，比直接使用药剂更能发挥预防白蚁的效果，而且又能防止药剂流失，不污染环境。另外，也可以将不易挥发的水剂、乳剂或粉剂浸入或混于涂料中，涂刷在木材、木构件、室内墙体和地面等，均可达到预防白蚁的效果。

用于土壤和木材白蚁预防处理常见药剂与药剂使用量见表 3 – 3。

表 3 – 3   用于土壤和木材白蚁预防处理常见药剂与药剂使用量（卢川川等，1999）

药剂名称	类 型	剂 型	使用浓度（%）	用 量	用 途
毒死蜱	有机磷	40% 乳剂	1.0～2.0	3.0～5.0 L／m^2	土壤处理、木材防护
吡虫啉	氯化烟碱	2% 或 5% 乳剂，10% 或 75% 可湿性乳剂	0.05～0.1	0.8% 品脱／尺^2	土壤处理
氟虫腈	苯基吡唑	25% 乳剂	0.01	3.0～5.0 L／m^2	土壤处理、木材防护
氯菊酯	拟除虫菊酯	10% 乳剂	0.2～0.25	100～200g／m^2	土壤处理、木材防护
溴氰菊酯	拟除虫菊酯	25% 胶悬剂	0.125	3.0～5.0 L／m^2	土壤处理、木材防护
氰戊菊酯	拟除虫菊酯	25% 胶悬剂	0.8	3.0～5.0 L／m^2	土壤处理、木材防护
联苯菊酯	拟除虫菊酯	25% 乳剂	0.06～0.09	3.0～5.0 L／m^2	土壤处理、木材防护
仲丁威	氨基甲酸酯	15% 微胶囊	0.15	3.0～5.0 L／m^2	土壤处理、木材防护
氟硅菊酯	有机硅	5% 乳剂	0.2～0.25	3.0～5.0 L／m^2	土壤处理、木材防护

3.3 药物和药械的管理*

（1）药物必须储存在专用仓库或专用储存室（柜）内，贮藏场所应坚固、通风、干燥、低温，并且有防火、防爆、防盗等专门设施，应当符合有关的安全防火规定。

（2）药物应设专人管理，有健全的管理制度，同时应配置一定的急救用品。

（3）药物须根据其毒性和理化性质分门别类放置，统筹安排。

（4）监测装置、物理屏障材料应与化学药物存放在不同仓库，以免被化学药物污染，影响效果。

（5）定期检测施药器械和设备，保证其性能良好，同时不得挪作他用，以免污染其他物品。

（6）施药结束后，应及时清洗配药容器和施药器械，清洗产生的含药污水不得随意倾倒；药物容器应集中处理，不得随意丢弃，用剩的药物应运回仓库妥善保管。

（7）装卸药物时应当小心轻放，严禁撞击、拖拉和倾倒，以防药物泄漏，污染环境。

（8）运输时严禁人和药物混载，药物严禁与食物一起存放。

3.4 药物中毒的急救措施

白蚁防治药物可通过皮肤、呼吸道、消化道三种途径进入体内，如使用不慎可引起人畜中毒。若误服，药物将通过消化道迅速进入人体内并引起严重后果，严重时可致死。

白蚁防治药物中毒的症状主要表现为头痛、头晕、眼睛充血及流泪怕光、咳嗽、咽痛、乏力、出汗、流涎、恶心和头面部感觉异常等。中度中毒者除了上述症状外，还伴有呕吐、腹痛、四肢酸痛、抽搐、呼吸困难、心跳过速等。重度中毒者除上述症状明显加重外，还出现高热、多汗、肌肉收缩、癫痫样发作、昏迷，甚至死亡。白蚁防治药物中毒的急救措施见表3-4。

---

* 引自中华人民共和国行业标准《房屋白蚁预防技术规程（征求意见稿）》（2010年）以及广东省地方标准《新建房屋白蚁预防技术规程》（2011年）。

表 3-4　白蚁防治药物中毒的急救措施

类别	项目	急 救 措 施
药物中毒的现场急救处理		若出现人员药物中毒情况，现场其他人员应立即视中毒者状况采取紧急处理，并携带药物标签尽快将中毒人员送医院治疗
	经呼吸道中毒	立即将中毒者带离施药现场，移至空气新鲜的地方，解开中毒者的衣领和腰带使其保持呼吸畅通，注意保暖
	经皮肤中毒	立即脱去中毒者被污染的衣物，迅速用大量清水反复冲洗被药物污染的皮肤、头发和指甲等 15 分钟以上。若药液溅入眼内应立即用大量清水冲洗
	经口中毒	①中毒者误食有机磷酸酯类和氨基甲酸酯类杀虫剂的要立即进行催吐。具体是：给中毒者喝下大量清水，用手指或筷子刺激咽喉壁诱导催吐，将胃内有毒物质吐出，加速体内的毒物排出，减少体内吸收药物的。②中毒者误食拟除虫菊酯类药物的应立即用清水漱口，一般不引吐，除非是以下几种情况：一是患者神志清醒；二是患者神志清醒，无法获得医疗救助；三是急救中心的明确指引时间小于 1 小时；四是摄入毒食量超过 1 口；五是急救中心的明确指引
不同药物类型的中毒急救处理	不同类型药物急性中毒的处理方法仅供专业医务人员参考，其他人员不能临场救治。若发生中毒情况应立即送医院救治	
	有机磷酸酯类药物	经皮肤及呼吸道中毒者应迅速离开现场，脱去被药物污染的衣物，应迅速用清水或 2% 碳酸氢钠溶液（NaHCO₃）彻底清洗受污染的皮肤、头发、指甲等。若眼部受污染，应迅速用清水或 2% 碳酸氢钠溶液（NaHCO₃）冲洗。经口中毒者应尽早催吐。氟氢可用松软毛巾擦患部，可用温水、2% 碳酸氢钠溶液（NaHCO₃）或用 1∶5000 高锰酸钾溶液（KMnO₄）反复洗胃数次
	拟除虫菊酯类药物	经皮肤及呼吸道中毒者应立即离开现场，经口中毒者应尽早催吐。先用碱液冲洗皮肤及受污染的眼部，用 2% 碳酸氢钠溶液（NaHCO₃），再用清水清洗；可口服扑尔敏，苯还拉明等，也可以经静脉注射硫代硫酸钠以经静脉注射硫代硫酸钠或硫酸钠（Na₂SO₄）导泻
	氨基甲酸酯类药物	经皮肤及呼吸道中毒者应迅速离开现场，到空气新鲜的地方，用肥皂水彻底清洗被污染的皮肤、头发、指甲等。经口中毒者应尽早催吐，尽快清水洗胃。注意清除呼吸道中的污染物，对呼吸困难者要采取人工呼吸措施。若引起红痰、红肿，可用醋膏或醋酸；用肥皂水（忌用热水）彻底清洗被污染的皮肤、头发、指甲等，也可用硫酸镁（MgSO₄）导泻

续表3-4

		急救措施
	有机磷类药物	常用的特效解毒剂为抗胆碱酯酶复能剂。阿托品是目前抢救有机磷类杀虫剂中毒最有效的解毒剂之一，但对晚期呼吸麻痹的中毒无效。轻度中毒者可单独给予阿托品，中度或重度中毒者可以用阿托品治疗为主，可合并使用胆碱酯酶复能剂（如氯磷定、解磷定），合并使用时有协同作用，阿托品剂量应当减少
解毒治疗	拟除虫菊酯类药物	无特效解毒药，急性中毒者应以对症治疗为主。有抽搐、惊厥可用安定5mg～10mg肌注或静脉注。静脉输液、利尿以加速毒物排出，维生素C和维生素B6等维持重要脏器功能及水电解质平衡。禁用肟类胆碱酯酶复能剂、阿托品和肾上腺素
	氨基甲酸酯类药物	静脉注射阿托品。轻至中度中毒者首剂注射1mg～2mg，30分钟后重给药，症状好转后每6小时给药0.5mg，阿托品总给药量为10mg～20mg；重症者首剂注射5mg，然后每20分钟重复给药，至阿托品化后每4小时给药1mg，持续24小时，阿托品总给药量为54mg

注：此表中的白蚁防治药物的急救措施引自中华人民共和国国家行业标准《房屋白蚁预防技术规程（征求意见稿）》（2010）以及广东省地方标准《新建房屋白蚁预防技术规程》（2011）。

第4章 白蚁灭治和预防技术

4.1 白蚁灭治方法与操作技术

几种常见的白蚁种类灭治方法见表4-1。

表4-1 几种常见白蚁种类的灭治方法

白蚁种类	为害对象	灭治方法
台湾乳白蚁	为害对象广，包括房屋建筑、埋地电缆、木材、储藏物资、农林作物、绿化树木等	喷粉法、挖巢法、诱杀法、埋设诱杀坑法、白蚁监控系统
黑翅土白蚁	堤坝水库、农林作物和树木、房屋地面木结构等	喷粉法、毒饵灭治法、埋设诱杀坑法、挖巢法
黄胸散白蚁	木构件、木家具、室外木桩和竹篱笆、树木和农作物等	喷粉法、诱杀法、埋设诱杀坑法、毒饵灭治法、喷洒药液法
截头堆砂白蚁	坚硬木家具、木构件、林木等	熏蒸法、高温灭蚁法、水浸法
黄翅大白蚁	堤坝水库、农林作物和树木	喷粉法、毒饵灭治法、埋设诱杀坑法、挖巢法

4.1.1 喷粉法

检查蚁害时如发现有较多白蚁为害，可在白蚁的主副巢、分群孔、蚁路和白蚁为害的物件上用喷粉器直接喷施白蚁灭治药粉。

4.1.1.1 防治机理

白蚁群体具有抚育和交哺的行为习性，幼蚁和兵蚁须依靠工蚁为其清洁和喂食。喷施药粉使群体中的部分个体身上带毒，通过白蚁之间的上述行为习性，使药粉在白蚁个体间相互传播蔓延，最终达到全巢死亡的目的。

4.1.1.2 操作技术

（1）将灭白蚁药粉装入喷粉器的喷粉胶球中，装入的药粉量不超过胶球容积的2/3（见图4-1）。

图 4 - 1

（2）将喷粉器的喷嘴插入蚁巢中或对准蚁路或白蚁为害物件上，喷嘴朝上，挤压胶球将药粉喷出，此过程可使用螺丝刀来辅助操作（见图4-2）。沾有较多药粉的白蚁将迅速死亡，施药后一个月左右可检查灭蚁效果。

图 4 - 2

（3）灭治林木白蚁时，可在树表喷施药粉，有时需要向树中打洞后再施药来消灭树干中的蚁巢（见图4-3）。

图 4 - 3

4.1.1.3 注意事项

（1）应将药粉施于白蚁身上且尽可能让更多的白蚁接触到药粉，因为接触到药粉的白蚁越多，药物就可在巢内更大范围传播。对蚁巢施药时，可敲击旁边的物体以使更多白蚁受惊后涌出，从而使更多白蚁感染药粉中毒。沾上了药粉的白蚁见图4-4、图4-5。

（2）若在蚁巢上施药，应先在巢壁上成"品"字形打3个洞，墙心巢可在墙两侧

打洞，杉头与墙交接的巢可在杉头两侧打洞。施药后要将洞口堵住。

（3）要在白蚁危害处多施药，尽量不要破坏或堵塞蚁路以确保白蚁能按原蚁路回巢。

图4-4　沾了较多药粉的白蚁立即死亡

图4-5　身上沾有药粉的有翅繁殖蚁

4.1.2　诱杀法

诱杀法具有操作简单、不破坏建筑物、对环境污染少等优点。在检查蚁害时，如果只发现局部蚁路且白蚁数量不多，或仅发现蚁路却未见白蚁活动时，可用此法。诱杀法对根治地下蚁巢和树木蚁巢最为有效。

4.1.2.1　防治机理

白蚁可在离巢很远的地方活动和取食，利用白蚁喜爱的食料将其从巢中引诱出来，待诱集到较多白蚁时施以灭治白蚁药剂将其消灭。因此，诱杀法包含了"引诱"与"毒杀"两个步骤。

引诱物以白蚁喜欢取食的物质为基本材料，对不同白蚁种类使用的引诱物有所差异（见表4-2）。天气太干燥时，可在引诱物上适当洒些蔗糖水或洗米水，20多天即可引出大量白蚁。目前白蚁防治主要是针对台湾乳白蚁，使用的引诱物多数是用松木制成35cm（长）×30cm（宽）×30cm（高）诱集箱，箱内放七八层松木板。

表4-2　不同白蚁种类的引诱物

白蚁种类	引诱物
台湾乳白蚁	松木、甘蔗渣、松花粉等
黑翅土白蚁	桉树皮、甘蔗渣、茅草、艾蒿枯枝等
黄翅大白蚁	桉树皮、甘蔗渣、茅草、艾蒿枯枝等
散白蚁	松木、甘蔗渣（杆）、玉米秆、竹竿等

4.1.2.2　操作技术

（1）在蚁路附近或在白蚁经常出没或活动多的地方放置诱集箱（见图4-6）。在人流密集处放置诱集箱时应贴上警示标志。

图 4 - 6

（2）定期检查诱集箱（见图 4 - 7）。

图 4 - 7

（3）当诱集箱内有较多白蚁活动时，往白蚁身上喷施高效且传染力强的灭白蚁药粉（见图 4 - 8）。一般施药 20 ～ 30 天后可达到理想的灭治效果。

图 4 - 8

4.1.2.3 注意事项

（1）在人流密集的地方放置诱集箱时要有警示标志，诱集箱放置后不能随便移动。

（2）诱集白蚁的监测时间视具体情况而定，检查时如果白蚁数量较少或未见白蚁活动，可适当延长监测时间。

（3）往诱集箱喷施药粉时，应将箱内木板分层轻轻揭起施药，使箱内各层木板都能施到药粉，从而达到理想的灭杀效果。

（4）施药完毕后，应将诱集箱重新放好，让白蚁继续在里面活动，并继续对诱集箱进行监测直至白蚁被彻底消灭为止。

4.1.3 埋设诱杀坑法

此法与上述诱杀法基本相同，但由于需要挖坑埋设诱集箱，因此一般适宜在室外施用此法。该方法也适用于在建筑物周围、堤坝水库、园林绿化等不同区域监控和预防白蚁。

4.1.3.1 防治机理

埋设诱杀坑法的防治机理与诱杀法相同。

4.1.3.2 操作技术

（1）在有白蚁为害的建筑物周围或需要保护的建筑物、林木、堤坝水库等四周，尤其是蚁害较严重的地方，选取若干个点，在每点挖1个比诱集箱略大的坑，然后埋入诱集箱，上面铺一层泥土覆盖（见图4-9）。

图4-9

（2）定期检查诱集箱内的白蚁活动情况（见图4-10）。

图4-10

（3）当诱集箱内有大量白蚁时进行施药处理（见图4-11）。

图 4 – 11

（4）处理措施多为喷施灭白蚁药粉，可参考诱杀法处理。

4.1.3.3　注意事项

（1）要选取合适的位置埋设诱集箱。诱集箱一般选择埋在靠近树干基部且较潮湿的土壤中，或埋设在需要保护的建筑物周边的土壤中。

（2）诱杀坑内不能积水。

（3）采用此法监控白蚁时，应对诱集箱进行定期监测，一般每年跟踪灭治7～8次。

4.1.4　熏蒸法

熏蒸法是目前灭治堆砂白蚁的最理想方法。常用的熏蒸药剂有固体（如磷化铝）和气体（如硫酰氟），药剂的使用量及熏蒸时间应根据药剂种类、熏蒸物体大小或熏蒸空间大小而定，具体可参阅熏蒸剂的使用说明书。常用白蚁熏蒸剂及其用量见表4 – 3。

表4 – 3　常用白蚁熏蒸剂及用量

熏蒸剂种类	使用剂量（g/m^3）
磷化铝（AlP）	8～12
溴甲烷（CH_3Br）	35～40
氯化苦（CCl_3NO_2）	40
硫酰氟（SO_2F_2）	30～35
敌敌畏	40

4.1.4.1　操作技术

（1）熏蒸前，先将需要处理的物件用薄膜密封包裹，或将物件放进无人的密封空间（见图4 – 12）。

图 4 – 12

（2）在薄膜上用刀割开一个小口（见图4-13）。

图4-13

（3）如果使用的是固体熏蒸剂（如磷化铝）时，用纸将熏蒸剂包卷成团，从薄膜上的小口处放入，然后迅速将小口密封（见图4-14）。

图4-14

（4）如果使用的为气体熏蒸剂（如硫酰氟）时，将盛载气体的钢瓶的导气管另一端插入薄膜内，缓慢打开钢瓶阀门释放气体（见图4-15）。

图4-15

4.1.4.2　注意事项

使用熏蒸剂时必须注意安全，应由经过专门培训的技术人员进行操作，施药过程必须佩戴防毒面具和防护手套。

4.1.5　毒饵灭治法

毒饵灭治法是将白蚁诱饵和白蚁灭治药剂结合起来使用的一种方法。白蚁灭治药剂应采用可致白蚁慢性胃毒的、性质稳定的药剂。使用时将饵料混于白蚁灭治药剂中或用药剂进行处理，制成药饵条、药饵包或药饵盒等；此法多用于堤坝白蚁的防治（见图4-16）。

4.1.5.1　防治机理

毒饵灭治法与诱杀法相似，只是将"引诱"与"毒杀"两过程结合起来。

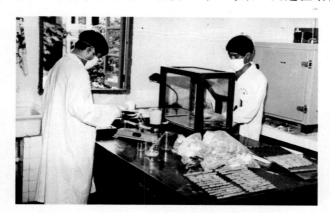

图4-16　科研人员在研制灭杀堤坝白蚁的药饵

4.1.5.2　操作技术

（1）在发现白蚁活动痕迹的蚁路、泥被和泥线、分群孔和白蚁排泄物的地方，投放一定数量的药饵（见图4-17）。

图4-17

（2）白蚁取食药饵后，将药物传递给巢内其他个体，最终导致全巢死亡（见图4-18、图4-19）。

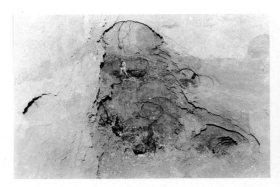

图4-18 用灭蚁药饵毒杀的堤坝白蚁主巢　　　　图4-19 利用灭蚁药饵条毒杀的黑翅
土白蚁主巢，蚁巢死亡后长出白菌

（3）堤坝白蚁蚁巢死亡后20～70天内，在蚁巢位置的地面上长出炭棒菌，可作为巢位指示物（见图4-20）。

图4-20

（4）堤坝白蚁全巢灭杀后必须对原巢穴位置灌浆以加固堤坝。可根据炭棒菌的位置来寻找死蚁巢，主巢一般位于炭棒菌密集生长处直径约50cm的范围内（见图4-21、图4-22、图4-23）。

图4-21 炭棒菌密集处直径50cm左右为主巢位置

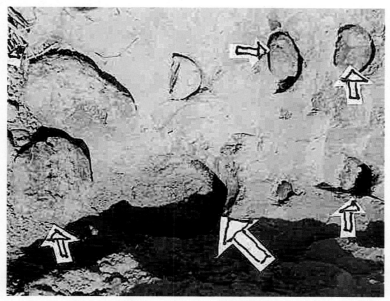

图4-22 利用巢位指示物炭棒菌进行堤坝灌浆的效果（大小箭头分别
指示主巢和菌圃位置，均填满泥浆）

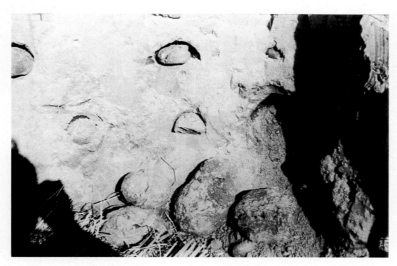

图4-23 利用巢位指示物炭棒菌打孔灌浆加固堤坝（最大的泥块
为白蚁主巢位置，小的为菌圃位置）

4.1.5.3 注意事项

（1）药饵最好放置于有白蚁活动的主蚁道内，药饵上方用瓦片或树叶覆盖，周围用湿土压封，以防蚂蚁等其他生物取食。

（2）若堤坝上找不到白蚁活动痕迹时，应对堤坝全面施药。可在白蚁活动季节（每年4～6月及9月至翌年1月），在坝体表面每5m～10m埋设一药饵，其后须作定

期监测，一般每 7 ～ 10 天检查一次。

（3）堤坝白蚁防治要全面，药饵的施放范围和施放时间要充分，以彻底灭治堤坝白蚁。具体做法是：对堤坝和堤坝近缘蚁源区（堤坝近缘400m 范围内的区域）自近至远逐步投放药饵，在白蚁活动季节应每半个月全面施放药饵 1 次，连续进行3 ～5 年。

4.1.6　挖巢法

挖巢法是我国民间传统的灭治白蚁方法之一，其优点是方法简便且不需使用药剂。但是，挖巢法容易造成遗漏，残存的白蚁可重新形成新群体，并可能继续扩大发展，而且，挖走蚁巢容易破坏建筑物的结构和外观。因此，一般情况下较少采用挖巢法来灭治白蚁，只是在无法解决药源的地方或在冬天低温期间（＜10℃）才施用此法。

4.1.6.1　操作技术

找到白蚁主、副巢后，直接将蚁巢挖走（见图 4 - 24、图 4 - 25）。

图 4 - 24　电缆坑中挖出白蚁巢　　　　图 4 - 25　挖巢法灭治林业白蚁

4.1.6.2　注意事项

（1）挖巢法最好与白蚁防治药剂同时施用。在挖蚁巢的同时，在蚁巢四周全面施药，使白蚁群体能彻底消灭。

（2）采用挖巢法防治堤坝白蚁时，须密切注意挖巢对堤坝造成的破坏，挖巢后应及时回填土。禁止在堤坝汛期挖巢。

（3）灭治堤坝白蚁时，在挖走蚁巢后必须于原巢穴处灌注泥浆；可采用人工或电动灌浆方法，以填塞堤坝内部蚁巢和蚁道留下的孔洞以及加固堤坝。待蚁道或堤坝冒出泥浆时，再用泥封住冒浆处后再继续灌浆至饱和为止，如观察到有回流现象时即表明此处已灌满泥浆。

4.1.7　高温灭蚁法

高温灭蚁法主要用于灭治堆砂白蚁。此法见效快且不存在农药残留。

4.1.7.1　防治机理

堆砂白蚁在 60℃ 以上的高温中持续数小时即死亡，台湾乳白蚁在 40℃ 下持续 20 分钟可致死。

4.1.7.2 操作技术

利用各种可产生高温的方法来处理被蛀木材或木制品。用65℃高温处理被堆砂白蚁为害的家具1.5小时，或在60℃下处理4小时，均能有效灭杀堆砂白蚁。

木材厂内一般设有专门用于木材定型的高温车间，利用此工序可同时进行白蚁灭治处理（见图4-26）。不同厚度木材的热处理时间见表4-4。

图4-26　木材厂车间内高温灭杀白蚁

表4-4　不同厚度木材的热处理时间（钟俊鸿等，2004）

木材厚度（毫米）	处理时间（小时）
0～25	4
26～50	6
51～75	8
76～100	10
101～150	14
151～200	18
>200	>18

4.2　白蚁预防技术

4.2.1　建筑物的白蚁预防

随着我国城市现代化进程的不断推进，城市建筑高速发展，建筑物钢筋混凝土结构已基本取代旧式的砖木结构，高层和高级装修的建筑物也越来越多。但是，新型建筑物的蚁害程度以及蚁害造成的损失程度却比旧式砖木结构房屋更加严重。原因可能是与建筑物基础和使用的装饰装修材料未作白蚁预防处理，建筑物地基残留和沉积了大量含纤维的物质如枯枝落叶、碎旧模板、棚竹等建筑废料，以及使用的装饰装修材料的防蚁抗蚁性能差等多种因素有关。此外，还可能与建筑物及其周围环境有关，如空调使用的普及化、装饰装修材料大量采用白蚁喜食的木质用材、建筑物周边植物多，等等。因此，

对建筑物尤其是新建建筑物实施白蚁预防处理十分重要。我国建设部于1993年、1999年和2004年先后三次发文，分别发布了《关于认真做好新建房屋白蚁预防工作的通知》（建设部第166号文）、《城市房屋白蚁防治管理规定》（建设部第72号令）和《关于修改〈城市房屋白蚁防治管理规定〉的决定》（建设部第130号令），明确要求对建筑物新建、改建或扩建，以及对房屋装饰、装修都要进行白蚁预防和对原有建筑物的白蚁检查与灭治等处理。

4.2.1.1　建筑物地基的白蚁预防处理

白蚁入侵建筑物的主要途径是从地下进入，因此，对新建建筑物地基实施白蚁预防处理尤其重要。

进行药物处理前，施工场地应事先做好充分准备，必须确认工地已符合下列条件方可开始操作：①所有挖掘工作已经完成，开挖出来的树根、木桩和纤维质废料等已从工地搬走并处理；②回填工作已完成，处理区域内无任何杂物堆放。

建筑物地基预防白蚁的药物处理对地基的土质、地下水位以及施工场地状况有一定要求，应根据不同地基土质条件以及工地状况来选用合适的药物及措施进行处理（见表4-5），以保证药液分布均匀、能渗透进入土壤中足够的深度和建筑物地基（见图4-27），从而有效阻止白蚁为害。

表4-5　不同地基土质条件下采用的白蚁预防处理措施

地基土质条件或施工场地状况	处理措施	原　因
酸性土（如广东省大部分地区的土质）	使用在酸性环境中稳定的、自身为酸性或中性的药物进行处理；当土壤pH<4.0时不需实施白蚁预防措施或仅对重点部位进行处理	
碱性土（如广东省北部石灰岩地区的土质）	选用在碱性环境中稳定的、自身为碱性或中性的药物进行处理，如硅白灵；当土壤pH>10.0时不需实施白蚁预防措施或仅对重点部位进行处理	
粘性土及其他重土	将表层土壤翻松，提高药液浓度，降低施用药液比率	药剂在此类土壤中的渗透速度较慢，药液容易流失
疏松土质（如沙质土或可渗透性土壤）	选用不溶于水的固体状或粉状药物，或吸附性强的药物（如毒死蜱）进行处理；施药前，在土质干燥的地方先用水浇湿，以阻止药液过多渗入地下	药液容易因虹吸现象或过分渗透而流失
低洼地或地下水位较高（距地面差≤2m）的区域	使用不溶于水的固体或粉状药物，不得使用易溶于水的药剂，且尽量选择在气候干燥的时期（RH≤70%）或枯水期进行施工	

续表 4 - 5

地基土质条件或施工场地状况	处理措施	原　因
倾斜的场地	在土壤表面沿施药场地轮廓挖50mm～80mm深的沟以蓄留药液	此类场地容易造成药液流失
斜坡	施药前,沿等高线每隔0.2m～0.3m松土一次以形成垄沟,使药物能被土壤完全吸附并均匀分布	药液容易流向地势低的一端,使药液分布不均匀
低于地下水位的土壤	不需进行处理	白蚁在此条件下不能生存

图 4 - 27　建筑物地基浇淋药液预防白蚁为害

4.2.1.2　土壤化学屏障设置

建筑物基础下方及四周的土壤用白蚁预防药物进行处理,即设置土壤化学屏障,使之形成一个围绕建筑物的药土屏障系统,以防止白蚁入室为害。土壤化学屏障设置包括垂直屏障设置和水平屏障设置两种。

建筑物内地坪、建筑物四周、基础墙两侧、柱基础、管井地坪等均应设置化学屏障,而且应根据不同建筑类型来设置垂直屏障或水平屏障（见表4-6）。不同类型地坪的土壤化学屏障设置见表4-7。

设置土壤化学屏障前,应先清除土壤中所有含木纤维的杂物以及其他建筑弃料,粘土或坡度较大的地面应将深度≥50mm的表层土壤翻松以蓄留药液,干燥疏松的砂质土或透水性土壤应用水淋湿以防止药液流失。设置垂直屏障、水平屏障应在地坪回填后进行,药液被土层完全吸收后才能进行地面施工,不得在药液未完全渗透之前浇筑混凝土垫层或底板。施药区域为露天的,不得在大雨前后进行施药操作。

土壤化学屏障设置应一次完成,如不能一次完成的,应依照建筑物施工进度分次进行处理,每次处理必须与上一次的施工位置衔接,以保证土壤化学屏障系统的完整性和连续性。

化学屏障设置完成后,应在药液完全渗透后尽快安排地面施工,或采取措施以防止雨水和建筑施工用水的冲刷和浸泡。各个药物屏障应该保持连续,形成一个完整的屏障

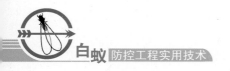

系统，以防止白蚁利用可能的空隙或漏洞进入建筑物内部。改建、扩建、翻建、维修、装饰装修建筑物时，应对建筑物基础土壤进行补药处理，此时，水平屏障设置深度应≥150mm，垂直屏障设置深度应≥300mm。

土壤化学屏障应使用低压喷雾施药，喷施稍大的雾滴以减少药剂随喷雾漂浮流失而污染环境，也可用容器盛载配好的药液浇淋在建筑物地基四周（见图4-28）。

表4-6 不同建筑物类型的土壤化学屏障设置

建筑物类型	设置位置	屏障类型	备注
无地下室的建筑物	墙体两侧	垂直屏障	垂直屏障：①深度≥300mm，向下延伸至墙体下方≥100mm；宽度≥150mm，向下延伸至基础底脚顶端；②药液用量80L/m³～100L/m³；③紧贴基础和墙体；包围建筑物与土壤之间可能成为白蚁侵入提供隐蔽通道的所有连接部位，如管道和沟渠；④首尾连接
	室内地坪	水平屏障	
有地下室的建筑物	首层外墙外侧	垂直屏障	
	高于地下水位地下室基础底板	水平屏障	
	低于地下水位地下室基础底板	不须设置	
基础墙	墙体两侧	垂直屏障	
建筑物	四周（散水坡）	垂直屏障和水平屏障	水平屏障：①深度≥50mm；外墙基外侧地坪宽度≥300mm，底层室内地坪全部；②药液用量4L/m²～5L/m²；③紧贴基础墙的两侧面；在混凝土垫层下方保持连续，包围建筑物与土壤的所有连接部位；④与垂直屏障连接
柱基、桩基	四周	垂直屏障	
变形缝	下部	水平屏障	
地下电缆沟	电缆沟两侧	垂直屏障	
	电缆沟底部	水平屏障	
电缆和管道进入建筑物的入口	入口处300mm范围内环绕其四周的土壤，厚度≥150mm	垂直屏障和水平屏障	
建筑物排水沟位置			不得设置土壤化学屏障，但可采取其他白蚁预防措施
不可渗透表面（如石块、混凝土块等）			不能设置化学屏障，只能用药物处理表面的裂缝、断层和连接处，以及与其周边相连的土壤

表4-7 不同类型地坪的土壤化学屏障设置 *

地坪类型	屏障设置时间	化学屏障设置方法
现浇混凝土结构建筑物的地坪	在安放防潮材料或浇筑混凝土板前进行	垂直屏障：分层低压喷洒法或杆状注射法
有架空层建筑物的地坪	在安放架空板前进行，完成后立即放置架空板	水平屏障：低压喷洒法（处理室外散水坡地坪时，应在地坪回填土后进行）
室外散水坡地坪	在墙体外围清理及入户管道安装等完成后进行	

* 引自：中华人民共和国行业标准《房屋白蚁预防技术规程（征求意见稿）》，2010。

图4-28 建筑物地基四周浇淋药液设置化学屏障预防白蚁

4.2.1.3 室内墙基的药物处理

建筑物内部各楼层的墙基须进行药物处理，以防止白蚁在墙体内筑巢为害或通过墙体蔓延为害。不同楼层及不同类型的墙体的处理措施有所差异（见表4-8）。药物处理应选择在墙体完成砌筑之后且抹灰工程开始前进行，施药时墙体应基本干透定形。建筑施工单位应掌握好施药后砌体的湿度及时进行抹灰，抹灰前不得再淋水润湿墙面。新建建筑物墙体两侧、地面和内部柱基等也要喷施药液，以预防白蚁为害（见图4-29、图4-30）。

表4-8　建筑物内不同楼层及不同类型墙体的药物处理

墙体所处楼层或墙体类型	处理方法	处理范围	处理高度	药液浓度（%）	用量（L/m²）
地下室及首层	槽罐形喷雾器喷施药液，重复处理两次	墙体两侧自地面计0.8m～1.0m	1.0m	1.0～1.5	2.0
2～30层		外墙内侧及内墙两侧自地面计0.4m～0.5m	0.5m	0.5～1.0	2.0
墙体砌块和灰缝	在未抹灰前直接喷洒药液，遇水易变形的砌块可在分层抹灰的第一层完成后进行施药处理	—	—	—	—
空心的砌块墙和板型墙、夹墙	适当加大药液剂量，并尽量在墙体未封顶前将药液灌注入夹缝内部，使药液充分渗透进去以防止白蚁在墙内部筑巢	—	—	—	—

图4-29　新建建筑物墙体两侧和地面喷施药液预防白蚁

图4-30　新建建筑物内部的柱基等也需喷施防白蚁药液

4.2.1.4　室内沉降缝和伸缩缝、管道和管沟等的白蚁预防处理

白蚁可沿着室内的裂缝、沉降缝和伸缩缝侵入为害，也可沿着竖向的管线井和电梯井等向上蔓延为害。因此，对室内的沉降缝、伸缩缝或后绕带、管道和管沟等均须实施药物处理（见表4-9）。实施白蚁预防处理时可根据现场实际情况调整药物的使用浓度及用量，但须确保各处理部位在完工后附着的药物有效成分含量达到农药登记证中的要求。

新建建筑物内线管槽、开关插座槽、预留的电线槽和开关插座，以及所有门窗的预留口的白蚁预防处理见图4-31、图4-32和图4-33。

表4-9　室内沉降缝和伸缩缝、管道和管沟等的药物处理

处理部位	处理范围	处理方法	药液浓度（%）	使用剂量（L/m²）
沉降缝、伸缩缝	3层以下（含3层）楼层的沉降缝和伸缩缝的两侧及底部	沿缝向下灌注药液（也可用混有药物的沥青来填补缝隙）	1.0～1.5	2.0
室内管道、管沟、电梯井等	3层以下（含3层）楼层的管井内壁	自上而下喷洒药液	1.0～1.5	2.0
管道出入口	管道口周边宽≥300mm、厚≥300mm的土壤	喷洒药液	—	—
门窗预留洞口	室内所有门窗的预留洞口	洞口四周喷洒药液	—	—
电线管槽、开关插座槽	室内所有线管槽和开关插座槽	槽的四周喷洒药液	—	—

图4-31　新建建筑物内线管槽和开关插座槽四周喷洒药液预防白蚁

图 4－32　新建建筑物内预留的电线槽和开关插座四周喷施药液预防白蚁

图 4－33　新建建筑物内所有门窗的预留洞口喷施药液预防白蚁

4.2.2　白蚁监控系统

白蚁监控系统，是指在建筑物周边环境的地下或建筑物地上白蚁经常出没的地方安装可对白蚁进行监测和诱杀的装置，从而对白蚁的发生和危害进行长期监控。此技术实质上是一项白蚁诱杀技术。

白蚁监控系统有地下型和地上型两种。对于地下型白蚁监控系统，用作监测时，装置中放入的是白蚁喜食的饵料，不含药物，当发现系统中有白蚁后，在装置中投入能诱杀白蚁的药饵，则可灭杀白蚁。白蚁监控系统设置在建筑物外围时可替代土壤化学屏障，此时，系统应在建筑物及室外绿化建设完工后、房屋整体交付使用之前进行安装。

白蚁监控系统也可应用于堤坝水库、农林果园和园林绿化地，可起到预防和灭治白蚁的效果。

白蚁监控系统的安装和应用见表4－10。

表 4 - 10　白蚁监控系统的安装和应用*

白蚁监控系统	地 下 型		地 上 型	
安装前准备	安装前必须了解安装区域范围内及周边的环境状况，如果安装地下型监测装置，还必须清楚安装区域内地下管线的分布情况以避免在安装时造成破坏			
系统安装	安装系统应符合监测装置使用说明书的要求。若需在地上易感染白蚁的部位（如建筑物首层有木结构的地方）安装监测装置的，可选择安装地上型监测装置；若安装环境人为活动较频繁或管理条件较差的，应选择安装地下型监测装置。安装地上型监测装置及投放药饵要尽量缩短白蚁暴露时间，并要尽量减少对安装部位内部白蚁活动的干扰			
	安装部位	装置应安装在有白蚁活动痕迹或利于白蚁生存和活动的地方，包括：白蚁取食点，木桩、树桩和树根边，落水管下端四周，排水管四周，空调设备出水口边缘，浴室厨房对应的室外部位，管线进入室内部位的边缘，等等。安装在有太阳直射的地方时，装置上方应加以覆盖；若离热源较近，则应调整装置的安装位置。以下地方应少安装或不安装监测装置：长期积水或干燥的地方，人为活动频繁的地方，易受外界干扰的地方，经常有振动的环境（如交通频繁的道路边以及离空调室外设备等振动源太近的地方）	安装部位	安装部位必须有白蚁活动或白蚁活动痕迹。装置最适宜安装在白蚁取食点和白蚁活动频繁的蚁路上，其他安装部位包括：地面或墙面有白蚁进出的裂缝处，蚁路开始处，透气孔内部仍有白蚁活动的分群孔，被白蚁蛀食的地方
	安装范围	装置宜安装在建筑物四周离外墙 0.3m～1.0m 范围内的土壤中，有散水坡的则沿散水坡外沿 0.1m～0.5m 范围内安装，安装后装置上方应覆盖 30mm～50mm 的土壤。安装过程中如遇到混凝土、沥青等硬化地面时，应根据地面面积大小及白蚁种类等情况作适当调整：若硬化地面宽度 <1.5m，应在其边缘安装装置；若硬化地面宽度 ≥1.5m且厚度不足以抵御白蚁，则须在地面打孔并穿透硬化层后再安装装置，装置应能接触土壤或白蚁活动通道	安装装置	装置应安装且固定在平整的平面上，若安装部位不平，可在该部位边缘上垫纸或纸型的药饵。装置可并排或叠加安装。如果安装部位外部白蚁活动不明显，则可在装置安装后，钻破内部有白蚁活动的部位的表面。安装后，装置的底部与安装部位表面之间如有缝隙须密封
	装置间距	安装间距一般为 3m～5m。安装初期，装置间距可稍大些；发现白蚁后可在白蚁活动多的地方适当添加装置；安装时若遇到混凝土地坪等限制或安装部位的白蚁风险较小时，可适当拉大装置间距	投放药饵	纸型或颗粒状的药饵可直接投放于装置内，浓药饵必须按要求先用水混合调制后再投放入装置中。药饵投放后要适当润湿，可用 5%～10% 糖水现配现用，但不可直接用自来水以防影响白蚁取食，同时也要防止药饵发霉

续表 4-10

白蚁监控系统	地下型		地上型	
	根据监测装置的大小、装置内饵料或药饵的多少、白蚁的种类、检查时所处的季节及装置的使用周期等来决定检查监控系统的时间和次数		根据监测装置要求的检查时间和利频率进行系统检查	
系统检查	安装后	乳白蚁：每年3月～11月检查，≥4次/年；散白蚁：每年3月～11月检查，≥3次/年	白蚁活动情况检查	若装置内没有白蚁，须根据实际情况找出原因。如果不是药饵的问题，应考虑是否白蚁取食点或是白蚁活动的活动点没有与装置连通。前者须重新安装装置；后者则应使白蚁活动点与装置连通，可用工具捕破入白蚁活动点将白蚁活动点将白蚁活动点的遮盖物，或者用一湿纸卷插入白蚁活动点的遮盖物，或者用一湿纸卷插入装置内
	发现白蚁后	投放药饵前：乳白蚁每2～3周检查一次，散白蚁每3～4周检查一次		
		投放药饵或喷药粉处理后：每2周检查1次，直至白蚁群体被杀灭，然后可按上述的安装后检查进行常规操作	药饵情况检查	药饵若没有被取食或取食较少，须根据实际情况寻找原因。如果药饵没有被取食痕迹，最好更换新的药饵以防止药饵可能受到污染；若药饵太干，则应将药饵重新湿润后再放入装置密封

续表4-10

白蚁监控系统		地下型	地上型
		要尽量缩短监测装置中白蚁的暴露时间，以及尽量减少对装置内白蚁活动的干扰	
系统处理	发现白蚁后	（1）当装置内有白蚁且饵料已消耗1/4～1/3时，将饵料换成药饵并定时检查监测装置，也可在装置内喷药粉灭杀白蚁；若装置内的药饵已消耗2/3～3/4且尚有白蚁时，应及时添加药饵，至白蚁群体彻底被消灭。 （2）如果监测装置内白蚁数量多时，需在装置四周50cm范围内添加装置，乳白蚁3～4个，散白蚁1～3个；装置内可直接放药饵，或先放饵料，待发现白蚁后换成药饵或直接喷药粉。 （3）在检查到装置内白蚁较少的情况下：①若饵料被取食不多且白蚁新鲜，可投放药饵；②若装置内饵料剩余不多，可先添加饵料；②若检查到装置内白蚁数量多时如发现较多白蚁后再投放药饵，下次重点检查该装置；③若处于夏季高温和秋末等白蚁不活跃的时期，不需投放药饵	（1）装置内大约50%药饵被取食时，应考虑是否需添加药饵。 （2）装置内药饵被取食≥80%且白蚁较活跃时，应添加药饵。 （3）装置内药饵被取食完且没有发现白蚁：①若监测整个监测系统都没发现白蚁活动，不需要添加药饵；②若监测系统内仍有白蚁活动，须继续添加药饵 （4）添加药饵的方式：①在装置内直接添加药饵，添加时装置内仍有白蚁活动，添加后装置要盖好并密封；②在装置旁边增加一个已添加了药饵的新装置 动作要迅速，并且要适量的水分，添加后装置要盖好并密封
	白蚁被灭杀后	白蚁群体被灭杀后，所有的监测装置需进行清理并重新放入饵料，重新启动对白蚁活动的监测；也可更换新的装置	
系统维护		（1）更换损坏的监测装置，补充丢失的监测装置 （2）更换监测装置内发霉变质或腐烂的饵料 （3）调整松动的、积水的或可能会造成破坏的监测装置的安装位置 （4）根据房屋四周环境的变化，调整监测装置的安装位置，或增减装置的数量 （5）清除监测装置四周的灌木和杂草以及装置内的杂物和清除白蚁外的其他昆虫和小动物	

* 引自：中华人民共和国行业标准《房屋白蚁预防技术规程（征求意见稿）》，2010；广东省地方标准《新建房屋白蚁预防技术规程》，2011。

4.2.3 木材和木构件的白蚁预防

木材和室内装修装饰用的木构件都是白蚁喜食的木纤维,最易被白蚁蛀食,因此,必须进行预防白蚁处理。

木材和木构件的防白蚁处理措施有两类。一是使用木材防护剂进行处理,此过程必须按照 GB 50206 规定的方法进行操作;二是使用白蚁预防药物进行处理,可根据木构件具体情况选择合适的处理方法,如通常采用的涂刷法、喷洒法和浸渍法等(见表 4 – 11)。使用的预防药物一般选用1%毒死蜱,但随着人们对环境保护和自身安全的意识日渐增强,因此应尽量使用低毒、安全、环保的白蚁预防药物。同时,使用的白蚁预防药物应对木材具有良好的渗透性且对木材无腐蚀作用、药物干燥后不挥发或难以挥发且具有稳定而持久的防白蚁效果,这种药物处理后不会降低木材的力学强度以及不提高木材的可燃性或影响油漆效果。

必须注意的是,木构件的白蚁预防处理应在木构件加工成型(包括木材胶合)后和防火防潮处理前进行。防白蚁措施完成后,木构件应避免重新切割或钻孔,确实有必要对木构件作局部修整时,须对新形成的断面进行白蚁预防处理,对无法拆除的建筑木模板等,可采用低压喷洒法进行处理。

表 4 – 11　室内木构件的白蚁预防处理 *

木构件类型	处 理 部 位	处 理 方 法
木吊顶	木吊杆、木龙骨、造型木板	涂刷法、喷洒法
轻质隔墙工程	木龙骨、胶合板	涂刷法、喷洒法
木屋架	上、下弦两端各 1m	涂刷法、喷洒法
木过梁	整体	涂刷法、浸渍法
搁栅(楼幅)	入墙端 0.5m	涂刷法
檩、椽(桷)、檐	整体	喷洒法
木门窗	门窗框与预留洞口的接触部位、贴墙周边和贴地端	涂刷法、浸渍法
木门窗套	预埋木砖、方木搁栅骨架、与墙体对应的基层板	涂刷法、浸渍法
木窗帘盒	窗帘盒底板	涂刷法
木砖	整体	浸渍法
固定木橱柜	靠墙侧板、底板	涂刷法
木扶手和护栏	近地端 0.5m	涂刷法
木花饰	贴墙部分	涂刷法
木墙裙	贴墙面	涂刷法、喷洒法
木柱脚	贴地端约 1m	涂刷法
墙面铺装	木砖、木楔、木龙骨、木质基层板、木踢脚	涂刷法、喷洒法、浸渍法
楼板	贴墙约 0.5m	涂刷法
地面铺装	木龙骨、垫木、毛地板	涂刷法、喷洒法、浸渍法

* 引自:黄静玲和肖维良,1999;中华人民共和国行业标准《房屋白蚁预防技术规程(征求意见稿)》,2010;广东省地方标准《新建房屋白蚁预防技术规程》,2011。

特殊情况下，木材和木构件的白蚁预防处理见表4－12。

表4－12 特殊情况下木材和木构件的白蚁预防处理

特殊情况类型	处理方法
蚁害严重地区使用容易感染白蚁的树种制成的木材	施用油溶性白蚁预防药剂进行处理
洗手间和厨房等经常潮湿处的木构件	
露天的木结构	
檩条和搁栅等木构件直接与砌体接触的部位	
内排水桁的支座节点处	
耐水性胶合的木材、木构件	浸渍法或涂刷法处理
中等耐水性胶合的木材、木构件	涂刷法处理

使用白蚁预防药物对木材进行处理见图4－34。

图4－34 木材上喷洒药液预防白蚁为害

4.2.4 埋地电缆沟及电缆的白蚁预防

电缆沟通常可成为白蚁入室为害的途径，因此，必须进行白蚁预防处理。最常用及最有效的预防措施是对埋地电缆沟及电缆表层护套用白蚁预防药物进行处理（见表4－13）。电缆沟内不同部位土壤的药物处理应按次序进行（见图4－35），依次为：沟底土壤 → 两侧土壤 → 入口处周围土壤；使用的药物及用量可参见第3章中的"3.2 白蚁防治药物"。此外，现场埋设电缆时，也可通过物理的或生态的途径来预防白蚁（见表4－14）。

表4-13　埋地电缆沟及电缆预防白蚁的药物处理方法

处　理　部　位	处　理　方　法
电缆沟内	用药液处理电缆沟的底部及两侧≥300mm厚的土壤
电缆沟与建筑物的交接处	先用药液处理从电缆沟进入建筑物的入口处四周的土壤，再用药液处理入口处内侧的土壤
回填土后的电缆沟	用药液充分淋透回填土层
电缆沟沿线（管道网络法实施药物预防）	沿电缆沟铺设塑料管道，定期将预防白蚁的药液灌注到电缆周围的土层中
地下电缆表面	电缆埋于地下前，用2%毒死蜱彻底涂刷电缆表面的护套层

图4-35　电缆沟内喷洒药液预防白蚁

表4-14　埋地电缆的物理或生态预防白蚁措施

方　法	操　作
回避法	避开在蚁患严重区埋设线路，如树林、居民区、木桥旁边、木电杆附近等地方
改变土层pH法	改变电缆沟内回填土的pH值，使白蚁不能穿透土层或不能在土层内生存
隔离法	在埋电缆区周围砌水泥沟，用水泥支架或金属支架将电缆悬空支承
护套防蚁法	电缆外层可用水泥管、硬质塑料护套或其他预防白蚁性能好的护套包裹，套管接合处可预防白蚁的物料粘合。目前最常用的是尼龙-11（或12）电缆护套和减少增塑剂或材料改性制成的半硬PVC防蚁电缆，被白蚁蛀食的电缆也可用尼龙-12来修补被蛀部位。其他的利用物理性能防蚁的电缆材料有：高硬度特种聚烯烃抗白蚁护套、皱纹钢护套预防白蚁电缆、中心管防蚁非金属电缆和抗白蚁防护铠装电缆等

4.2.5 园林绿化和农林作物的白蚁预防

建筑物周边的园林绿化容易孳生白蚁，成为白蚁入室为害的源头。因此，建筑物周边的园林绿化草地和林木、大型花坛以及建筑物的天台和花园等，应进行白蚁预防处理。

室外园林绿化经常受到浇淋水和阳光照射的影响而导致表层土壤的白蚁预防药剂容易分解失效，因此，需要进行补充用药。补充施药可在每年白蚁分飞期之前（约4月中下旬）结合花木养护进行对白蚁预防的土壤处理。在树木和花卉的树冠范围内施药，施用的药剂种类和浓度跟首次施药相同，药液要渗透至表层土以下10cm左右（见表4-15）。

农林作物还可以采取某些农业措施来预防白蚁，如选用良种壮苗、实行水旱作物轮种和雨季造林等。苗木在种植前可先浇淋白蚁预防药液（见图4-36）。

表4-15 园林绿化白蚁预防的土壤处理

类 型	处理方法	使用药剂（浓度）	使用剂量
绿化带、大型花坛	药液处理花泥	毒死蜱（0.05%～0.1%）	30 L/m³～50 L/m³
	药液涂于花坛内壁和底部	毒死蜱（1.0%～1.5%）	2 L/m²
农林作物、花卉苗木、苗圃	大棚种植前用药液浇淋表土	40%毒死蜱（2.5%）、20%吡虫啉（0.05%）、10%氯氰菊酯（1%）	种植地条带状：5 L/m²；种植地片状：3 L/m²
	播种前用药液浸泡种子1分钟	氯菊酯（0.02%）、锌硫磷（0.1%）、毒死蜱（0.1%）	—
	栽种前用混有药液的泥浆（30%泥土、70%水）沾满苗木根部	氯菊酯（0.02%）、锌硫磷（0.1%）	—
	种植坑内苗木根部周围的土壤拌入药物	3%呋喃丹颗粒剂+25%西维因可湿性粉剂	2kg/亩～3kg/亩
	使用营养袋（杯）育苗时，在移栽前用药液淋透营养袋内的苗根土壤	40%毒死蜱（0.5%）、5%联苯菊酯（0.06%）	—

图 4 - 36　苗木在种植前先浇淋白蚁预防药液

4.3　白蚁防治施工安全管理

根据 2010 年中华人民共和国行业标准《房屋白蚁预防技术规程（征求意见稿）》和 2011 年广东省地方标准《新建房屋白蚁预防技术规程》的要求，白蚁防治施工安全管理要做到以下几个方面：

（1）施工现场应设立警示标志，施药期间内其他人员不得在化学药物处理区域内逗留或进行其他项目的施工。

（2）室内进行药物低压喷洒时，须保持室内通风良好。

（3）施工人员应经过专业技术培训，熟悉施工器械的操作以及熟悉药物的安全使用规定和现场急救措施。

（4）施工人员应严格按照安全生产规定，在施工操作时必须穿着专用工作服和防护鞋，佩戴安全帽、防毒口罩和防护手套（见图4 - 37）。

（5）施药人员每次连续作业时间不得超过 2 小时，每天接触药物时间累计不得超过 5 小时。

（6）严禁在施工现场和操作期间抽烟和进食。

（7）施工操作需要连接电源的，应由具备电工专业岗位证书的人员操作，高作业时应系好安全带。

（8）使用电动、机械工具需接受必要的操作培训，施工过程中注意安全操作。

（9）定期检查保养施药器械和所有密封套垫及断流阀，不得使用质量低劣或性能不稳定的器械，不得把施工器械挪作他用。

（10）对沾到皮肤上的药物要及时清洗，衣物被药物污染后应立即更换，施工完毕后应及时清洗工具和双手、头脸等外露部位。

（11）施药结束后，应及时清洗器械；药物空瓶或装盛过药物的容器应妥善处理，不得随意丢弃或挪作他用；配制好而暂时未用的药液应运回仓库保管，不得在现场随意处置。

（12）各工序施药处理完毕后应向建筑施工单位交代安全事宜，避免药物中毒事故的发生。

（13）要增强环境保护的意识，严禁向周围植物随意喷药。

（14）凡皮肤病患者、有禁忌症的人员以及"三期"（即经期、孕期、哺乳期）妇女不得从事配药和施药工作。

（15）发生药物中毒时应立即采取急救措施（可参见第 3 章 3.4 药物中毒的急救措施），并携带药物标签送医院诊治。

图 4-37 施工前必须做好个人防护

第 5 章　白蚁综合防治策略

目前，我国白蚁灭治和预防处理普遍依靠化学手段，每年单是用于新建建筑物白蚁预防的化学药物就达数千吨，长期使用化学药剂必然带来种种环境和安全问题。因此，在白蚁防控上，在使用化学药剂时，除了必须严格遵守国家法规规定来安全使用外，还须做到尽量科学地减少使用化学药剂，或采用毒性低、污染少而防效理想的替代药物。但是，单一依靠化学手段来防治白蚁必然带来环境问题，因此，在白蚁防控工程中不能片面地强调使用药物，而应本着"因地制宜、综合治理"的方针，将药物处理、监控诱杀蚁源、周围环境条件等多方面因素结合起来，采取多样化的综合治理措施来防治白蚁，才能既获得理想的防控效果，又能实现人与环境和谐共处。

白蚁综合防治（IPM）是在综合考虑各种因素的基础上，利用各种最经济和有效的措施来控制白蚁危害，同时还应全面地考虑经济的、生态的和社会的效益，而不是将各种防治方法简单地组合使用。白蚁综合防治（IPM）策略包括了化学、物理和生物等方面的内容。

5.1　建筑物白蚁的综合防治

我国目前建筑物白蚁灭治和预防处理主要依赖化学药剂。为了保护建筑物免受蚁害，大量化学药物被投入到环境中，对生态和人畜安全造成潜在危害，尤其是建筑物白蚁预防工程要求长时间的药效期，从长远来看，对环境和人类的影响更为深远。建筑物白蚁综合防治措施提倡采用一种或多种合理的、经济可行的控制手段来使建筑物免受白蚁为害，综合防治过程中尽可能减少使用化学药物，并尽量采取非化学的手段和方法。

我国建筑物白蚁综合防治的主要措施包括建筑物防蚁设计、物理屏障、化学防治、施工现场清理、环境防蚁规划、生物防治等（见表 5-1）。

表 5-1　建筑物白蚁综合防治措施

白蚁综合防治措施	内　容	具　体　操　作
建筑物防蚁设计	建筑物应设计成不利于白蚁生存的环境，尽量做到通风、透光、防潮、防蚁	
	(1) 建筑物设计和构造上应采取通风和防潮措施	①做好室内外的给排水和防水设计，保持建筑物基础和地面干燥，建筑物外墙以外路面应有散水坡；②仓库要有专门的通风设备和排水系统以利潮湿空气散发；③有架空层基础的建筑物应在外墙设通风口；④无地下室建筑物首层地面应做好防潮处理；⑤木构件应采用通风和防潮设计；⑥通风不良处不应作为贮藏室
	(2) 建筑物内的重点部位应减少使用木构件或木材	重点部位包括：①建筑物地下室及1~3层；②蚁害严重地区的建筑物；③厨房、卫生间、排水管附近近水源的墙体（应采用砌体或实心墙体结构）；④木柱、木楼梯、木门框等近地面的部位（应使用石块或混凝土块做成垫脚，使上述部位高出地面并不与潮湿环境隔离）；⑤电缆沟内的电缆支架（也不能使用塑料等易被白蚁蛀食的材料）
	(3) 无地下室建筑物首层的所有木门窗框、木楼梯、木柱以及其他木构件不能直接接触土壤，与地面直接接触的建筑材料应使用具有抗蚁能力的	
	(4) 建筑物底层楼层下部不宜封闭	
	(5) 建筑物楼面应避免积水，并应做好防水设计	
	(6) 建筑物楼顶防水防蚁设计	①楼顶沉降缝的遮掩面应设计成利于排水的，可做成两边侧向拱起的倾斜坡度，上盖可做成活动的拱形盖板以防止雨水下渗；②楼顶绿化工程应先在铺设防水保护层后再铺设一层阻根防水层，并且应选种抗白蚁能力强的树种
	(7) 改变地板下土层的酸碱值（pH），可有效阻抗白蚁侵入	将地板下一定深度（约15cm）土层的pH值由酸性变成碱性，如混合成10%生石灰土壤

续表 5-1

白蚁综合防治措施	内　容	具　体　操　作
环境防蚁规划	(1) 消除潮湿来源	①垫高建筑物地基; ②及时修补建筑物漏水部位; ③不使用未经干燥的建筑木材; ④不用水冲洗室内木地板; ⑤未经干燥的木材不放在室内贮存
	(2) 选用抗白蚁能力强的木材或木材使用前先作防蚁处理	可选用柚木、楠木、铁力木、桃木、苦楝、水曲柳等能力好的木材，如果使用抗蚁性能差的木材如马尾松等，应先作防白蚁处理后再使用
	(3) 室内保持整洁卫生	①经常打扫室内，物品应堆放整齐，木箱不能贴墙和地面放置; ②仓库内，货物与墙之间应留有1m左右宽的通道，以方便蚁害检查和灭治
	(4) 营造入室的有翅成虫无法在室内建立新群体的环境	①保持室内通风干燥，经常清除堆放的杂物; ②封实一切缝隙，尤其是潮湿环境中的缝隙; ③白蚁分飞季节傍晚7时左右，气压低且大雨过后，天气闷热，尽量不开灯，避免有翅繁殖蚁飞入室内建立新群体
施工现场清理	建筑物兴建前先对施工场地进行蚁害调查，及时发现和清理蚁患	①仔细检查和清理施工场地及周边的白蚁孳生地，如树头巢和地下巢等; ②施工场地地面上的树桩、灌木植物、朽木、纤维质废旧材料等必须清理掉

续表5－1

白蚁综合防治措施	内　容		具体操作
物理屏障 *	用各种不起化学作用的材料如砂粒和金属网板等制成屏障，使建筑物与白蚁隔离，免受白蚁为害。此技术可减少甚至完全放弃使用化学药物。物理屏障的材料包括有经过分级处理的固体颗粒以及不锈钢两大类		
	（1）砂粒屏障技术。在有混凝土贴地板结构的、或有楼梯、管道或条形基础的新建建筑物内，利用白蚁口器搬不动且白蚁不能穿透的砂粒层作为屏障，以防止白蚁侵入建筑物为害		采用由坚硬的火成岩或变质岩颗粒组成的、比重≥2.52的材料填充成砂粒层；用于预防乳白蚁时，砂粒比重应≥2.6，颗粒直径为1.7mm～2.4mm，所有砂粒能完全通过2.36mm筛，仅有＜10%砂粒是通过1.18mm筛的；砂粒应保持6%～8%的湿度以达到理想的紧密度。应用于建筑物四周时，砂粒屏障应埋设于比屏障更宽的覆盖材料或密封物之下，且覆盖材料或密封物应保持与下方的砂粒屏障紧密接触；应用于局部设施时，砂粒应固定且应与其他材料如砖石的内部表面紧密接触；应用于混凝土贴地板结构时，砂粒应设置于板的下方及周边，并横跨所有构件的连接缝和控制缝以及穿过板的入户管道的四周；应用于板的穿透物的四周时，砂粒应与穿透部位的底部和侧面紧密接触；应用于槽腔下方时，砂粒应与槽腔的底部和侧面紧密接触；建筑物四周的垂直白蚁防护物应穿过建筑物的覆盖物并插入≥75mm深的砂粒屏障中；设置在沟四周、构件连接缝或控制缝、板贯穿部位的砂粒屏障上方时应加以覆盖以防被移动或污染，可用混凝土、含沥青材料、丙烯酸树脂或其他塑料等组成覆盖物。制作屏障的砂粒在贮存和运输时应避免受有机物污染。砂粒屏障设置完成后应定期作彻底检查
		①建筑物底层板下砂粒屏障的典型设置	屏障设置地的压实基础砂石或填充材料的厚度＞50mm时，砂粒屏障厚度应为75mm；设置地的基础砂石或填充材料的厚度＜50mm或无时，砂粒屏障厚度应为100mm；混凝土板厚度＞150mm时，不需设置砂粒屏障。设置屏障时，应压紧砂粒以使其覆盖混凝土板底下所有的基础区域，砂粒深度＞150mm时应分层设置屏障，且每层砂粒压实后的厚度应为100mm。砂粒屏障应设置于混凝土贴地板的下方及周边，并横跨所有构件的连接缝和控制缝以及穿过板的入户管道的四周。当砂粒屏障上方为悬空板时，悬空板下方区域的砂粒厚度应≥100mm，且悬空区域应用砌砖、钢/铝制品、纤维水泥板等或用柱基（包含≥50mm的地面间隙）和金属丝网围住以作防护；木柱或支杆的入地部分应完全包埋于厚≥100mm、宽≥100mm的压实的砂粒中，砂粒层应延伸至完成的地表水平面以上≥50mm；若边梁和内梁的深度＞150mm时，其下方不需埋设砂粒屏障。屏障设置如下图所示

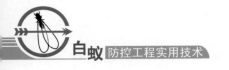

续表 5－1

<table>
<tr><th>白蚁综合防治措施</th><th>内　　容</th><th colspan="2">具 体 操 作</th></tr>
<tr><td></td><td></td><td></td><td>
悬空板
砂粒
≥100mm
≥100mm
≥100mm
条形底脚
砖石饰面的砂粒屏障设置示意图

悬空板
砂粒
≥100mm
混凝土柱
紧密填充
底脚
覆面结构的砂粒屏障设置示意图

悬空板
水泥浆填塞
封盖
砂粒
≥100mm
≥100mm
≥100mm
≥100mm
≥100mm
条形底脚
全砖石结构的砂粒屏障设置示意图
</td></tr>
</table>

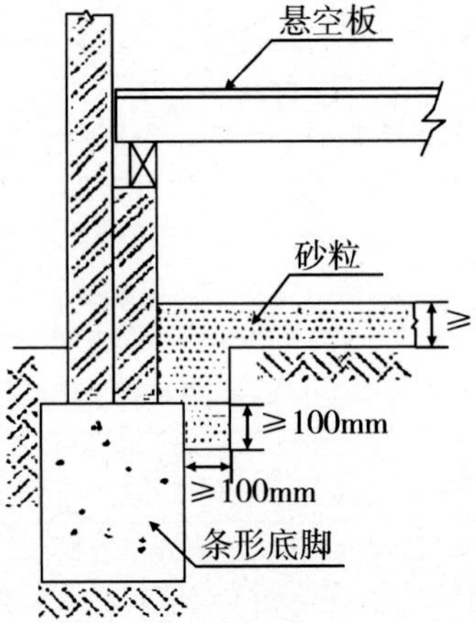

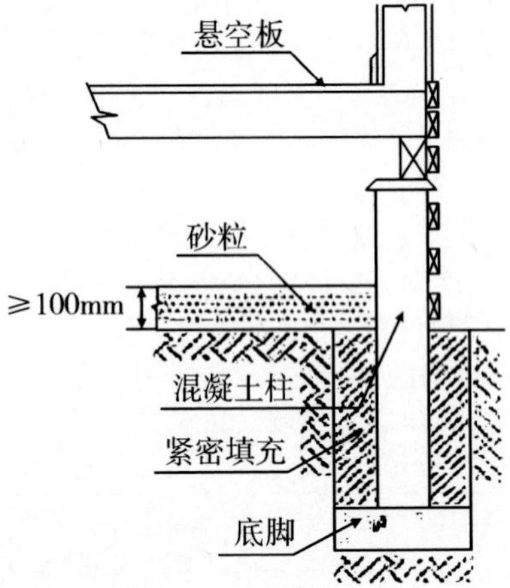

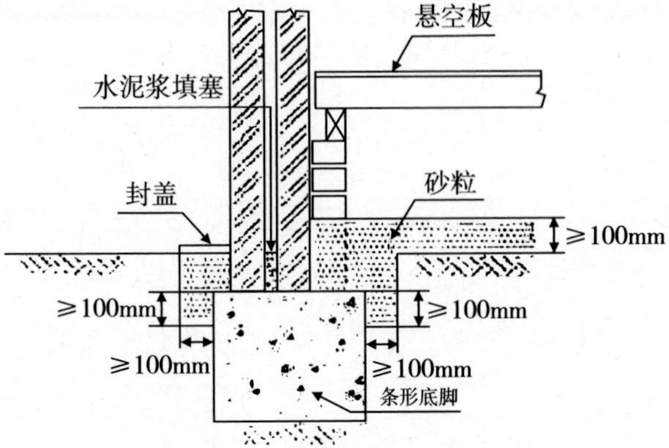

白蚁综合防治措施	内　容	具　体　操　作
续表 5－1		②建筑物四周砂粒屏障的设置	建筑物四周同与建筑物邻接的沟中设置的砂粒屏障应延伸至地表水平面以下，砂粒屏障宽度应≥100mm，深度从基梁顶端向下计算应≥100mm，上方应密封或覆盖。当此屏障设置在悬空板下方时，砂粒屏障的宽度和深度必须≥100mm。砂粒屏障设置如下图所示 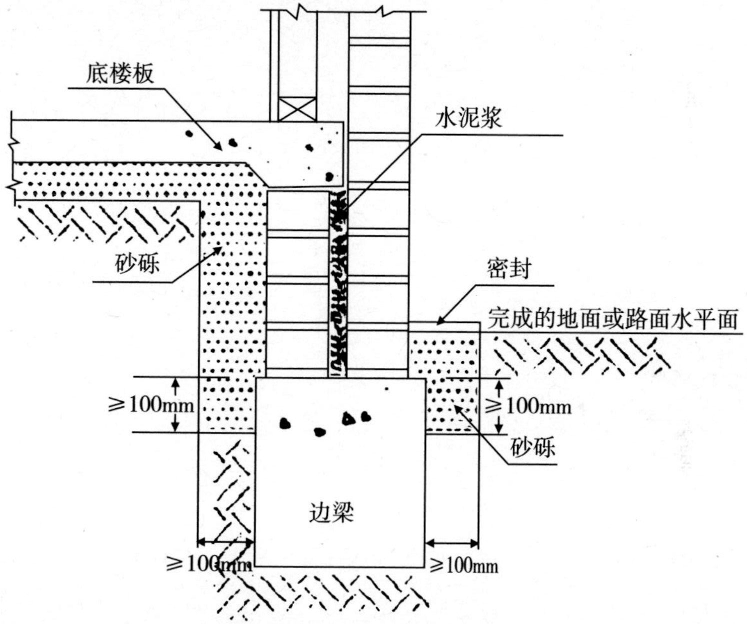

建筑物四周砂粒屏障设置示意图

续表 5-1

白蚁综合防治措施	内 容		具 体 操 作
		③管道贯穿部位砂粒屏障的设置	砂粒应紧密填充于人户管道及其他穿透物与孔洞之间的间隙，砂粒深度应≥75mm，上方应加覆盖物作保护，下方应采用不锈钢的或塑PVC或其他性的、抗腐蚀、耐久性的材料制成的密封圈以保护砂粒，密封圈应插入板的下部。砂粒屏障设置如下图所示

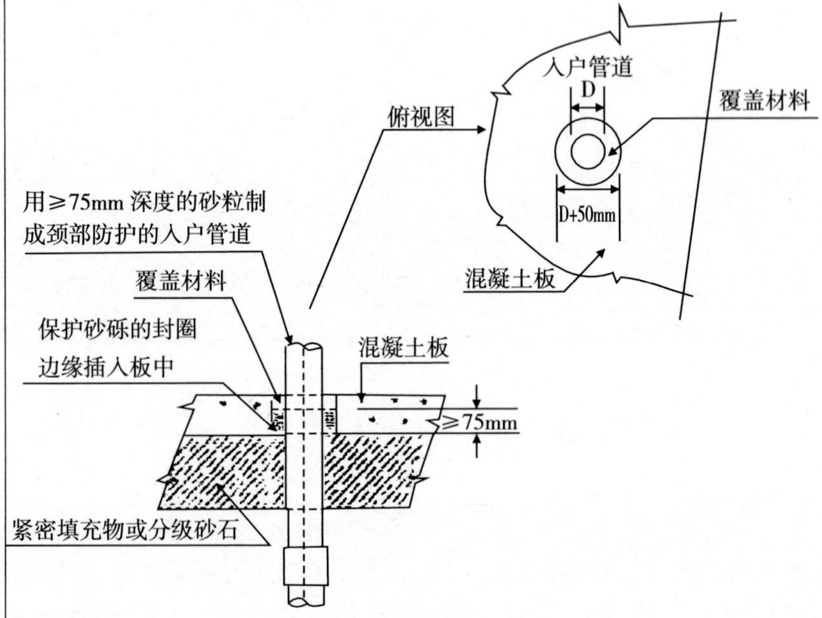

覆盖材料

入户管道

D

D+50mm

混凝土板

俯视图

用≥75mm深度的砂粒制成颈部防护的入户管道

覆盖材料

保护砂砾的封圈边缘插入板中

混凝土板

≥75mm

紧密填充物或分级砂石

管道贯穿部位砂粒屏障设置示意图

续表 5－1

白蚁综合防治措施	内　容	具 体 操 作	
		④板接缝或伸缩缝砂粒屏障的设置	砂粒应设置在混凝土板接缝和伸缩缝的底部；或将砂粒紧密填充于邻近接缝的空腔内部，压实后砂粒的深度应≥75mm，宽度应≥50mm，其顶部、底部和末端应用耐久性连接材料加以覆盖，其下方接缝处应使用弹性良好的材料加以密封，连接材料与构件接缝或控制缝的边缘应相连。砂粒屏障设置如下图所示 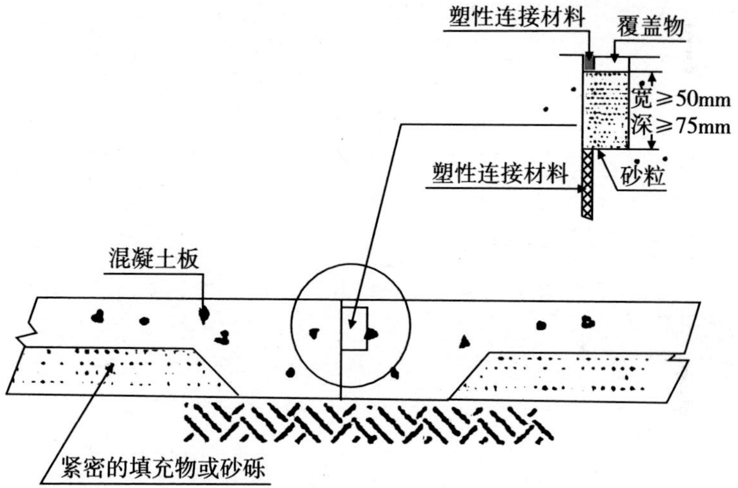 板接缝或伸缩缝砂粒屏障设置示意图

续表 5 - 1

白蚁综合防治措施	内 容	具 体 操 作
	(2) 不锈钢丝网屏障技术。在贴地的混凝土板结构、悬空板或柱以穿透中，使用网孔细小至白蚁难以咬食的金属网，以阻抗白蚁侵入。重点安装在建筑物中白蚁可能进入的部位	采用等级为 304 或 316 的不锈钢钢丝丝编织成的，钢丝直径 ≥ 0.18mm，孔径 ≤ 0.66mm × 0.45mm 的不锈钢网，粘贴于混凝土板上。若不锈钢网与其他不同材料（如低碳钢筋）之间可能发生电解反应，连接时应避免不锈钢网接触这些材料。不锈钢钢网应延伸覆盖至外饰面的全长；角落处的网应交叠起来，连接处应使用金属钉固定，连接处的网须焊接加固于固定点，每 0.5m ～ 1.0m 用胶固定，外缘的带状不锈钢网应将其边缘重叠后再折叠两次，成 "Z" 形（如下图所示），折叠宽度为 10mm ～ 15mm，"Z" 形折叠的网也可铺设于板的顶部，其连接处应加框固定。整平和固定不锈钢网时须注意不能破坏网的完整性，安装后应定期作彻底检查 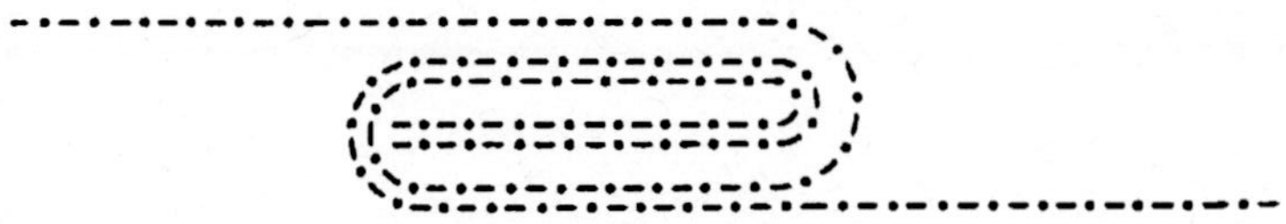

不锈钢网的连接方式示意图

续表 5 - 1

白蚁综合防治措施	内 容	具 体 操 作
	① 建筑物四周墙体不锈钢网的安装	不锈钢网应粘贴在各类的混凝土板上，包括垂直槽口表面，内叶饰下的表面以及墙顶等；通过中空部位时，网应向下悬垂，与外砖石墙结合，与其表面齐平；放置网的泥灰缝应高出于完成的地表或路面 75mm 以上；网应延伸通过墙体，且应在墙外表面的水平泥灰缝处延伸出网的边缘。其屏障设置如下图所示 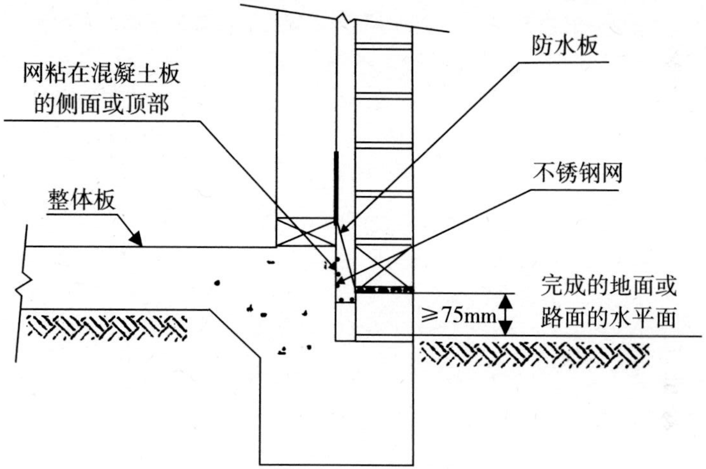 建筑物四周墙体不锈钢网屏障设置示意图

续表 5-1

白蚁综合防治措施	内　容	具　体　操　作
	②管道贯穿部位不锈钢网的安装	有折边的 50mm 宽环形不锈钢网应用不锈钢管夹固定于贯穿板的入户管道上，且应埋入混凝土板内。屏障设置如下图所示 （图中标注：不锈钢网、不锈钢管夹、管道、灰泥粘合） 管道贯穿部位不锈钢网屏障设置示意图
	③构件缝和伸缩缝部位不锈钢网的安装	不锈钢网应放置在构件缝或伸缩缝下方、防潮屏障上方的位置，且须与建筑物四周的保护屏障相连，缝下应有 15mm 宽的 "Z" 形折叠（如上图，网的连接应折起 25mm 并应埋入混凝土板内，且网上方应放置防潮屏障以防止混凝土浆和网折叠处粘连。其屏障设置如下图所示 （图中标注：不锈钢网、防潮屏障、防潮屏障） 构件缝和伸缩缝部位不锈钢网屏障设置示意图

续表 5 - 1

白蚁综合防治措施		内　　容	具　体　操　作
化学防治		见第 4 章白蚁灭治和预防技术	
白蚁监控系统		见第 4 章 4.2.2 白蚁监控系统	
冷/热处理		利用低温或高温致死的原理来杀灭白蚁	
	(1) 冷处理		可利用液氮作为冷源。灭杀台湾乳白蚁时，白蚁个体的中心温度必须≤19.5℃才可将群体杀灭
	(2) 热处理		可利用电源、燃料等作为热源。可参见第 4 章 4.1.7 高温灭蚁法
生物防治		白蚁的天敌有微生物、昆虫病原线虫、蚂蚁等。其中，微生物绿僵菌是重要的生物防治因子。微生物的真菌孢子和菌丝体、次生代谢产物等也可用于防治白蚁	

* 引自：中华人民共和国行业标准《房屋白蚁预防技术规程（征求意见稿）》，2010。

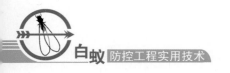

5.2　堤坝白蚁的综合治理

　　我国水利工程众多，白蚁危害是造成堤坝隐患和崩决的重要原因。因此，堤坝白蚁防治是一项长期性的工作。在消除堤坝蚁患后仍须继续进行长期的监测和预防，并且要长期对堤坝外围400m范围内蚁源区采取诱杀和预防措施，才能最终实现无蚁害堤坝的目标，保证堤坝安全无患。

　　在广东省水利部门领导、水利专家以及广东省昆虫研究所李栋教授等白蚁防治专家共同研究成果的基础上，经过长期的实践探索，广东省水利部门及白蚁防治专家从经验中总结出一套具有水利特色、以生物生态为中心、系统综合地探查和防治堤坝白蚁的技术措施——"三环节八程序"，即通过"杀、灌、防"三环节和"找（引）、标、杀，找、标、灌，找、杀（防）"八程序，将灭蚁、灌浆固堤和预防蚁害三项内容有机地整合起来，形成了既灭治蚁害又保证堤坝安全的综合治理堤坝白蚁的策略措施。同时，采用"以引代找、先引后杀或引杀结合"的系统防治措施来代替传统的容易破坏堤坝的挖巢灭蚁法。

　　"三环节八程序"的堤坝白蚁治理方法，从以治为主到防治结合，最后进入以防为主，具有丰富的科学性、逻辑性和层次性，可操作性强。事实证明，此项技术措施可将蚁患严重的堤坝在两年内建成无蚁害堤坝。1996年，广东省水利厅在发布的第122号文（粤水管字［1996］）中明确地要求全省各市水电局要严格执行"三环节八程序"的堤坝白蚁防治新技术措施（见表5-2）。至此，"三环节八程序"堤坝白蚁治理措施被正式纳入地方法规。

表5-2　堤坝白蚁防治新技术措施——"三环节八程序"（姚达长，2002）

环 节	程 序		具 体 操 作
"杀"环节：投饵灭蚁	找（引）		根据堤坝白蚁的生活习性和活动规律，认真寻找堤坝上的白蚁外露特征，清楚掌握堤坝的蚁患状况，为下一步投放药饵灭杀白蚁提供依据。此过程应列入水利常规检查项目中，并应结合每年防汛安全检查同时进行
		找	寻找分群孔、泥被泥线、旧分群孔候飞室和菌圃腔等孔道、白蚁取食和活动的掩盖物（如杂草、干牛粪、废纸、防汛材料等杂物）以及鸡㙡菌等（见第2章2.2.2堤坝水利设施的蚁害检查）
		引	埋设诱饵，实现"以引代找"。用小叶桉树皮（ASP）、樟树皮和杉树皮制成7cm×7cm或5cm×5cm规格的引诱片，引诱效果较理想。也可在引诱片中加入灭杀白蚁的药物，制成诱杀片，可达到"引杀结合"的目的，提高灭蚁效率

续表 5 - 2

环 节	程 序	具 体 操 作
标		找到蚁害特征后须及时做好标记，为下一步准确投饵以及进行下一环节程序做准备。可利用坐标法对白蚁外露特征作标记（见下图），并且应认真做好记录。外露特征的密集中心将作为投饵处。对于泥被泥线来说，堤坝上 5cm～10cm 的长度或 50cm² 方格面积内出现的泥被泥线可视为一巢，其密集处或白蚁较多处可作为密集中心；此外，检查防效时出现的新泥被泥线应另作一巢 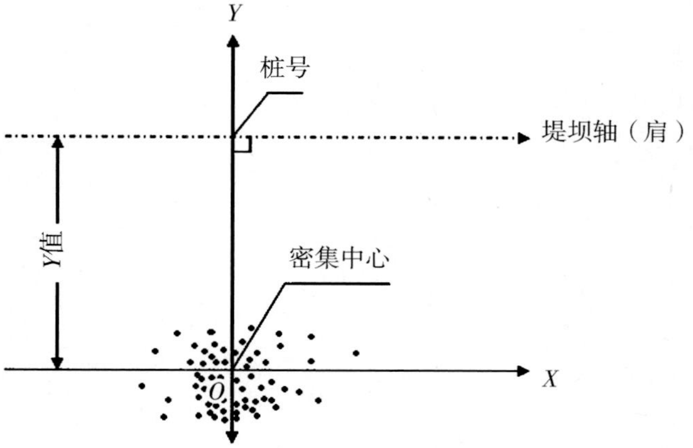 堤坝白蚁外露特征位置标记
杀		通过投放药饵或 ASP 型诱杀片对白蚁实施巢外诱杀
	对分群孔投饵	此项操作应在有翅成虫分飞结束前进行。在标记的密集中心处（见上述"标"程序）周围均匀选出 3～5 个较大的且蚁量多的分群孔，将孔口外面泥块铲开，若孔中有蚁时将药饵或诱杀片放入孔内，将孔口盖好，无需封实。对分群孔和候飞室投饵需见到有白蚁才能放饵；若分群孔被封，必须挖开至有白蚁活动处才能放饵，一般需挖 30cm～70cm
	对泥被泥线投饵	在标记的密集中心处，在不惊动白蚁的情况下将药饵或诱杀片小心放置于新鲜潮湿的有白蚁活动痕迹的泥被泥线边缘，用树叶、杂草或湿废纸盖于上面以遮光和防止天敌干扰。此程序需反复进行，而且一周期不超过 10 天，检查诱杀效果可与下一轮投放药饵同时进行。坚持常年对泥被泥线投饵可有效地灭杀大小蚁巢，而且效果比对分群孔投饵灭巢的更理想
	对食料投饵	小心揭开白蚁食料上的遮盖物，稍微轻轻翻动，待有白蚁出现时将药饵放置于白蚁食料间隙中蚁量较多的地方，然后恢复原状让白蚁取食
	对鸡㙡菌投饵	在发现鸡㙡菌的点上用铁锥钻孔，至掉锥时拔出铁锥在孔内投入药饵，然后封住孔口，任白蚁取食

续表 5-2

环节	程序	具 体 操 作
"灌"环节：对巢灌浆	找	根据死巢指示物炭角菌（在广东主要为炭棒菌）的位置，找出死亡白蚁巢的方位。死巢出菌时间及菌的数量和粗细与温湿度和巢的大小深浅等有关，天旱高温时可人工洒水以加速炭棒菌生长。一般投饵后 20～70 天内可找到大部分的菌。开始找菌时如未能找到，应每隔 1 周找一次。可根据下图标示的方法，先半圆内后半圆外找菌，效率可超过 87% 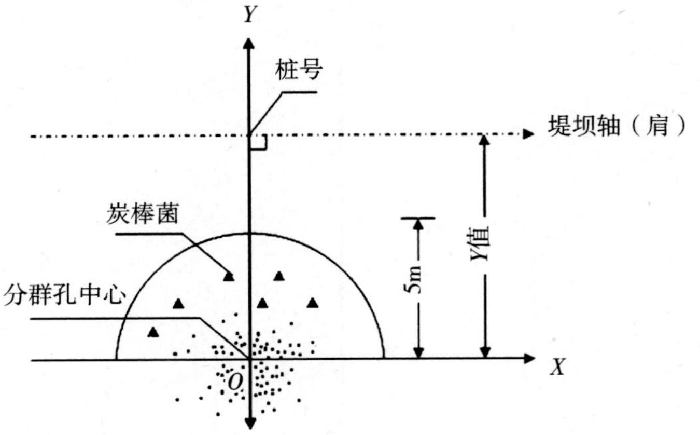 找菌相对范围示意图
	标	找到死巢出菌处后须及时做好标记，以供造孔对巢灌浆用。炭棒菌的密集中心一般为白蚁的主巢位置，须标记和记录好（见下图）。若未能找到死亡主巢，可按上述第一环节的找巢标记方法分析巢位后再进行下一程序的造孔灌浆操作，或用蚁道法造孔灌浆（见下述"灌"程序） 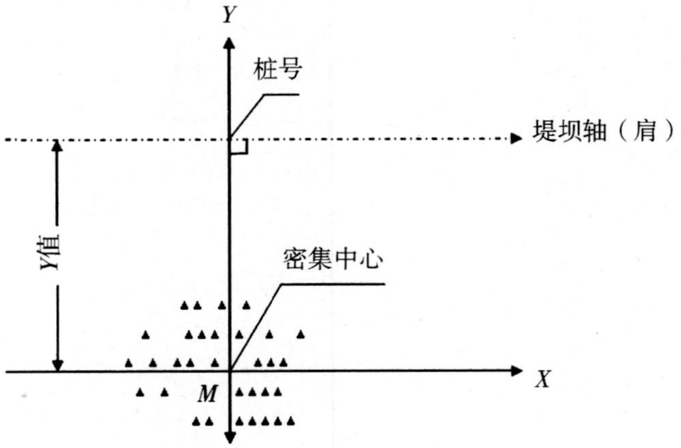 炭棒菌标记法

续表 5－2

环 节	程 序	具 体 操 作
灌		此程序是对死巢腔和蚁道进行充填灌浆处理。此程序中，正确判断巢位和对巢灌浆操作是整个堤坝白蚁治理措施中的关键技术。灌浆原则是先稀后浓，先灌成后灌好。初始灌浆时可先灌注清水或稀浆，可冲通巢道，有利于当孔位偏离巢位时软化被造孔压实的孔壁，从而使泥浆能较快注入巢体内。灌中巢体时的浆液要浓些，反之则稀些，一般水土比为 3∶1～0.8∶1，粘度约为 30 秒，比重约为 1.3～1.6。待孔口出现冒浆、堵塞压实封闭不住为止，脱水后再复灌，前后一共灌浆 3 次。一般每巢平均灌进粘土约 0.5m³，待泥浆沉实后用碎土回填封住孔口，即可结束灌浆程序。在找巢结果不同的情况下应采用特定的灌浆方法
	对菌灌浆法	①根据死亡巢位指示物炭棒菌的中心点首先造孔 1 个，由此处先灌浆；②完成后以此点作圆心、2.5m 为半径画圆，在上半圆的圆周均匀地造 3 个孔后施灌，使主巢外围的菌圃和蚁道也能充填浆液（见下图）对菌造孔灌浆法 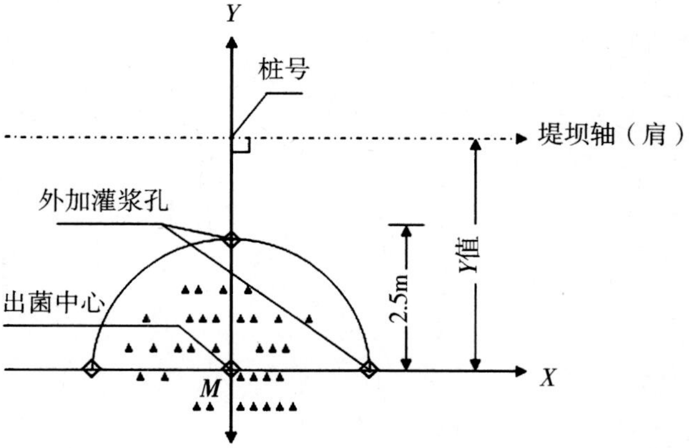
	浅灌密灌法	若对非分群孔投饵后，虽有蚁取食但未能找到菌而无法确定灌浆孔位时，可采用此法进行灌浆。即在一定范围内，普遍地采用孔深和孔距均为 1.5m～2m 的灌浆方法。对于防治将要达标的堤坝以及无把握对巢填灌的堤段，更适合采用此法

续表 5－2

环 节	程 序	具 体 操 作		
其他灌浆法		若对分群孔投饵后未能找到菌，可采用以下几种灌浆方法		
		蚁道法	从分群孔主蚁道处灌入浆液。蚁道应挖 1.5cm 宽，末端处用 50cm 长、1cm 粗的渐变宽的钢管插入蚁道口，用粘土封住接口处后施灌	
		巢区方位法	在分群孔密集中心处造一孔，然后以此点为圆心、以 5m 为半径画圆，在上半圆内部造孔 4～7 个（如下图），然后对孔灌浆	
			 巢区方位法造孔灌浆	
		分群孔上方法	在分群孔密集中心的上方约 2.5m 处造孔，先试灌，如不理想可稍微移动再试灌，直至可灌进 0.5m³ 浆量为止	
"防"环节：诱杀蚁源		该环节是在清除蚁害的同时，通过以灭杀代替预防的方法，对堤坝附近 400m 范围内的蚁源区进行自近到远的灭杀防控措施。此环节是一项长期的预防措施，需要集中投入才能达到彻底治理堤坝白蚁的目标		
	找(引)	与第一环节的"找"程序相同，但找到白蚁外露特征后，不需要在蚁患处作标记		
	杀(防)	与第一环节的"杀"程序相同，在上一环节找到的堤坝白蚁蚁患处重点投放药饵进行灭杀。灭蚁后不需要对巢灌浆		

另外，可以利用物理方法来改变堤坝的表层或一定位置土壤的物理结构或化学性质，有效预防白蚁隐患形成。一种途径是在堤坝表层覆盖一定厚度的可阻抗白蚁的材料（如粗砂子、粗炉煤渣等），从物理结构上改变白蚁在堤坝表层的生活环境，可将白蚁活动限制在堤坝的覆盖层外面，同时也能影响白蚁群体向堤坝内部发展，从而阻止堤坝蚁患的形成。其原理是：白蚁的口器不能咬烂也不能搬动阻抗材料颗粒，因此白蚁无法钻入材料内部而不能很快入土，在此情况下白蚁很容易被天敌消灭。另一种途径是在阻抗材料中加入生石灰，这样可改变堤坝表层土壤的 pH 值，不利于白蚁建立群体。上述方法可应用于新建土质水利工程和扩建加固工程，各地应因地制宜选用理想的阻抗

材料。

5.3 埋地电缆白蚁的综合防治

目前，埋地电缆（包括新铺设电缆和运行电缆）的白蚁防治大多数采用化学措施。化学防治不仅带来环境污染问题，而且，仅靠化学方法来控制白蚁为害有时也不能达到理想的效果。因此，应根据不同电缆类型、电缆敷设的不同生境以及不同白蚁种类和密度，采取综合利用物理的、化学的、生物的和生态的等多种防治措施的策略，达到长期控制白蚁为害电缆的目的。未来埋地电缆白蚁防治应以电缆材料为核心，辅以以生态学为基础的监测诱杀白蚁的综合防治策略，目的是减少白蚁对电缆的为害以及减少白蚁防治药物在环境中残留。埋地电缆白蚁防治 IPM 策略见图 5 – 1。

埋地电缆白蚁防治 IPM 策略的主要内容概括如下：

（1）埋地电缆白蚁防治 IPM 策略的核心内容是采用物理性能防蚁的电缆材料，从而减少甚至放弃在电缆护套材料中添加防蚁药物。这样，一来可减少护套含化学药物造成的环境污染，二来可避免因电缆护套所含的防白蚁药物缓释而造成电缆防蚁性能不稳定。目前，物理防蚁性能较好的电缆材料有半硬聚氯乙烯、聚酰胺（尼龙）—11（12）、高硬度特种聚烯烃抗白蚁护套、皱纹钢电缆护套、中心管防蚁非金属电缆等。

（2）监测诱杀系统是 IPM 策略中必不可少的措施，可保护电缆不被白蚁蛀食、安全运行。目前较多采用的是生物的监测和诱杀方法，简单而有效。应用饵剂系统和白蚁外露迹象调查法，对评价区域的白蚁种群密度进行监测，从而制订相应的防治方案；利用生物诱杀法可有效地灭杀为害电缆的以及电缆区域内的白蚁。

（3）白蚁的生物防治虽然效果不及化学防治，但也是白蚁防治 IPM 策略中不可缺少的一项内容。生物（白蚁的天敌如蚂蚁、壁虎、微生物、寄生性线虫和寄生螨等）和物理防治（如砂粒屏障、pH 改性材料、不锈钢网、电子流击杀和微波高温等）以及环境友好型白蚁防治药剂的应用是未来电缆白蚁防治措施的发展方向。

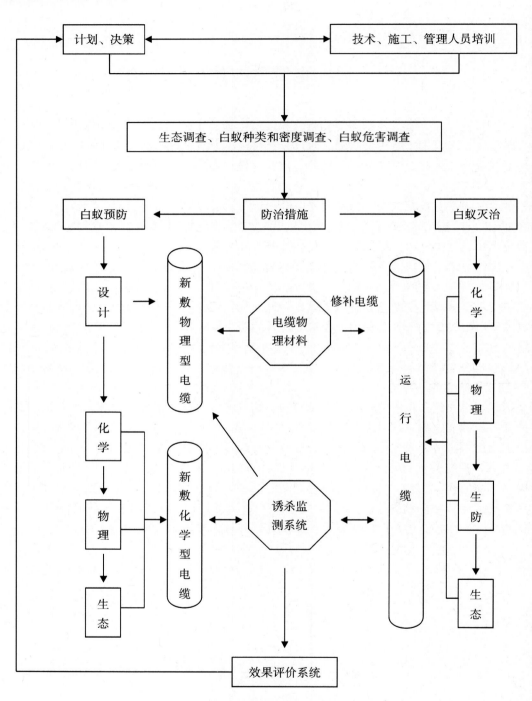

图 5-1 埋地电缆白蚁防治 IPM 策略图示（田伟金等，2004）

参考文献

1. 戴自荣，陈振耀. 白蚁防治教程. 广州：中山大学出版社，2002
2. 广东省昆虫研究所. 白蚁及其防治. 北京：科学出版社，1979
3. 广东省昆虫研究所. 广东省地方标准《新建房屋白蚁预防技术规程（DBJ/T15 – 26 – 2000)》. 2000
4. 胡剑，钟俊鸿. 物理屏障预防白蚁的研究进展. 广东省白蚁学会2004年团体会员大会暨学术研讨会论文集. 2004
5. 黄静玲，肖维良. 广东省新建房屋白蚁预防技术规程（草案）. 见广东省白蚁学会编. 白蚁研究. 广州：广东经济出版社，1999
6. 黄静玲，肖维良. 新建房屋白蚁预防技术探讨. 广东省白蚁学会2002年学术年会论文集. 2002
7. 黄静玲，钟俊鸿，黄海涛，等. 利用百庭宜™防白蚁监控诱杀系统防治台湾乳白蚁 *Coptotermes formosanus* Shiraki 试验报告. 广东省白蚁学会第九次会员代表大会暨学术研讨会论文集. 2006
8. 嵇保中，刘曙雯，居峰，等. 白蚁防治药剂述评. 林业科技开发，2002，16（4）：3 – 6
9. 李栋，陈业华，全启斌，等. 物理法预防大坝白蚁试验. 白蚁科技，1990，7（2）：5 – 9
10. 李栋，饶绮珍，张建华，等. 浅论我国防治白蚁用药的情况. 白蚁科技，1996，13（2）：29 – 33
11. 李栋，饶绮珍，张建华，等. 浅论我国防治白蚁用药的情况. 见广东省白蚁学会编. 白蚁研究. 广州：广东人民出版社，1997
12. 李栋，饶绮珍，张建华. 白蚁监察与防治技术及其发展. 昆虫知识，1995，31（4）：251 – 253
13. 李栋，田伟金，黎明，等. 白蚁的生态防治方法与技术. 昆虫知识，2001，38（5）：380 – 382
14. 李栋，田伟金. 白蚁论文选集. 北京：科学出版社，2006
15. 李栋，赵元，石锦祥. 水库土坝白蚁的预防初步试验. 昆虫知识，1984，21（6）：260 – 263
16. 李桂祥，戴自荣，李栋. 中国白蚁与防治方法. 北京：科学出版社，1989
17. 李桂祥，肖维良. 中国白蚁研究概况. 广东省白蚁学会第九次会员代表大会暨学术研讨会论文集. 2006
18. 李桂祥. 中国白蚁及其防治. 北京：科学出版社，2002

19. 刘晓燕，钟国华. 白蚁防治剂的现状和未来. 农药学学报，2002，14（2）：14－22

20. 卢川川，申思伟，何拱华，等. 深圳市房屋建筑白蚁预防工程施工及验收规范（讨论稿）. 见广东省白蚁学会编. 白蚁研究. 广州：广东经济出版社，1999

21. 卢川川. 林木白蚁应向生态防治发展. 广东省白蚁学会2011年学术年会论文集. 2011

22. 庞正平，刘建庆. 白蚁监测控制技术及药剂的应用. 中华卫生杀虫药械，2008，14（5）：404－407

23. 全国白蚁防治中心. 中华人民共和国行业标准《房屋白蚁预防技术规程（征求意见稿）》. 北京：中国建筑工业出版社，2010

24. 田伟金，饶绮珍，黎明，等. 预防白蚁工程必须高度重视环保问题. 见广东省白蚁学会编. 白蚁研究. 广州：广东经济出版社，1999

25. 田伟金，庄天勇，黎明，等. 白蚁危害水平与防治技术效果的初探. 白蚁防治技术研究，2000，（1）：51－53

26. 田伟金，庄天勇，王春晓，等. 埋地电缆白蚁防治概况及发展趋势. 广东省白蚁学会2004年团体会员大会暨学术研讨会论文集. 2004

27. 肖维良，钟俊鸿，黄静玲. 白蚁防治技术发展的新趋势. 广东省白蚁学会第九次会员代表大会暨学术研讨会论文集. 2006

28. 许继葵，刘毅刚，田伟金，等. 广州地区高压电缆外护套受蚁害情况初探. 广东省白蚁学会2002年学术年会论文集. 2002

29. 姚达长，黄顺明，李国亮，等. 广东水利白蚁防治及其发展. 见广东省白蚁学会编. 白蚁研究. 广州：广东经济出版社，1999

30. 姚达长，梁光旺. 水利"堤坝白蚁防治新技术研究及应用"项目述评. 见广东省白蚁学会编. 白蚁研究. 广州：广东人民出版社，1997

31. 姚达长. 水利白蚁的防治. 见：戴自荣，陈振耀，白蚁防治教程. 广州：中山大学出版社，2002

32. 曾环标，田伟金，杨悦屏，等. 果园白蚁危害现状及防控策略. 广东省白蚁学会2011年学术年会论文集. 2011

33. 赵元. 广东白蚁及其防治. 南京：河海大学出版社，1999

34. 钟俊鸿，李秋剑，刘炳荣，等. 浅论我国的白蚁综合治理. 广东省白蚁学会第九次会员代表大会暨学术研讨会，2006

35. 钟俊鸿，李秋剑，肖维良，等. 白蚁综合治理的措施. 广东省白蚁学会2004年团体会员大会暨学术研讨会论文集. 2004

36. 钟平生，张颂声，李静美. 南天监测灭蚁器在不同环境中的应用效果. 广东省白蚁学会第九次会员代表大会暨学术研讨会论文集. 2006

37. 庄天勇，田伟金，梁梅芳，等. 埋地塑料电缆护套的白蚁防治. 广东省白蚁学会2002年学术年会论文集. 2002

38. 庄天勇，田伟金，王春晓，等. 浅谈《POPS公约》对我国白蚁防治用药的影响. 广东省白蚁学会2004年团体会员大会暨学术研讨会论文集. 2004